JN174877

欧州統合と共通農業政策

豊　嘉哲

欧州統合と共通農業政策

目　次

序　5

第1章　共通農業政策の誕生　11

Ⅰ　初期CAP（共通農業政策）の内容　11

Ⅱ　CAPが直面した困難　17

第2章　1992年共通農業政策改革とそれに続く改革　23

Ⅰ　マクシャリー改革　23

Ⅱ　マクシャリー改革以降の改革　28

Ⅲ　CAP改革の流れをどう見るか　39
——Daugbjerg and Swinbank（2009）に関して

第3章　共通農業政策の再国別化の進展　47

Ⅰ　CAPはどの程度共通なのか　48

Ⅱ　再国別化と財政連帯原則　54

Ⅲ　おわりに——財政連帯原則の終焉？　58

第4章　小規模農家の欧州統合からの排除　63

Ⅰ　2008年CAP改革以降の直接支払いと小規模農家　65

Ⅱ　農村開発政策と小規模農家　73

Ⅲ　2005年以降の小規模農家の状況　80
——小規模農家の欧州統合からの排除

第5章　EUにおける半自給自足農家向け支援と共同資金負担　99

Ⅰ　EUの拡大と小規模農家　100

Ⅱ　小規模SSF（半自給自足農家）支援策と公共財　102
Ⅲ　農村開発政策の共同資金負担について　106
Ⅳ　おわりに――加盟国は農村開発政策を等しく利用できるか？　108

第6章　EUの困窮者向け食料支援プログラムの導入　113
Ⅰ　MDP（困窮者向け食料支援プログラム）の導入時の枠組み　114
Ⅱ　MDPの最初の2年間について――CEC（1991b）を利用して　118
Ⅲ　誰がMDPの食料を受け取ったのか　136

第7章　EUの困窮者向け食料支援プログラムの改革　141
Ⅰ　MDPの二つの転換点――市場調達の容認とドイツによる提訴　142
Ⅱ　MDPへの共同資金負担の導入　150

第8章　アフリカ・カリブ海・太平洋諸国の特恵の浸食　157
Ⅰ　ロメ協定下のACP（アフリカ・カリブ海・太平洋諸国）とEU　158
Ⅱ　コトヌー協定とACPの待遇　161
Ⅲ　農産物に関するACPの特恵の浸食――CAP改革のACPへの影響　169

引用参考文献　185
あとがき　195
略語一覧　198

序

EU（European Union）の共通政策の一つ、共通農業政策（Common Agricultural Policy: CAP）は欧州統合の牽引役であった。というのは、それが関税同盟と並んで欧州統合の最初期から実施されてきたからという理由に加えて、それを運営するための数々の立法がEU加盟国を覆う形でなされてきたからである。ある分野で各国が個別に実施していた政策を加盟国共通のEU政策に仕立てるという作業はCAPの中で数多く実践されてきた。この意味でCAPは欧州統合の骨格を形成した。しかしながらEU財政に占めるCAP予算の割合が近年低下しているという事実が端的に表すように、CAPは欧州統合の中核から外れはじめている。またCAPの誕生以来積み上げられてきた農業政策の共通性は、1992年以降CAPの改革が進むにつれて失われつつある。

本書はCAPを分析対象とし、ウルグアイ・ラウンド（Uruguay Round）交渉から影響を受けて1992年に実施された改革（通称マクシャリー改革）以降のCAPに焦点を当てる。本書の目的は、欧州統合の推移とCAPとの関係、とりわけCAPの再国別化（renationalization）に着目した上で、マクシャリー改革以降のCAPの特徴を浮かび上がらせることである。なお「再国別化」という訳語はFennell（1997）の邦訳から借りた。

再国別化の定義を示しておく。Wiener and Diez（2009, pp. 2-3, 邦訳pp. 3-4）によれば新機能主義的統合理論の研究者ハース（Ernst Haas）が定義した統合には社会的過程（忠誠心の移行）と政治的過程（加盟国の出来事の少なくとも一部について直接的発言権を有する新政治制度の構築）が含まれる。本書ではWiener and Diez（2009）と同じく統合をより狭く定義し、統合の政治的過程のみを統合とみなす。これに対して再国別化は、Kjeldahl and Tracy (eds.) (1994, p. 16) に従えば、主権がEU諸機関から加盟国に移転される過程と定義でき、これには二つの側面がある。第一に意思決定と実施の側面であり、第二に資金負担の側面である。すなわちCAPの再国別化とは、CAPに関わる意思決定、実施および資金負担のすべてまたは一部の権限が全面的または部分的にEUレベルから加盟国レベルに戻ることを意味する。したがって本書で頻繁に登場する用語、共同資金負担 (co-financing) は、それがCAPに関わる限り再国別化の一形態である。

1992年のマクシャリー改革の後、9名の研究者によるCAPの再国別化の分析を掲載した論文集Kjeldahl and Tracy (eds.) (1994) が刊行されただけでなく、Folmer et al. (1995, ch.6) でCAP財政の再国別化が分析されたほか、Grant (1995) およびGrant (1997, ch.8) ではCAP改革の選択肢の一つとして再国別化が取り上げられた。これらの研究の登場が示唆するように、マクシャリー改革はCAPの再国別化を導く要素を含んでいた。再国別化は、CAPの改革が重なるにつれてその勢いを増していくことになる。

再国別化の増勢すなわち加盟国が有する裁量の拡大は、農業部門における欧州統合の後退と言えるのだろうか。この問いに肯定で答えることは簡単ではない。なぜならある加盟国の裁量の範囲は当該加盟国政府よりも上位のEUレベルで決められるからである。再国別化が進んだ理由は、CAP運営に関わるEUレベルでの激論の末、EUの資源をどの分野にまたは誰にどれだけ投入するかの選別に加えて、加盟国が責任を負う分野および費用の増大についても承認されたからである。

ではマクシャリー改革以降どのような選別がCAPの中で実施されてきたのか。この問いへの答えを叙述する形でマクシャリー改革以降のCAPの特徴を本書で描写していく。Locher and Prügl (2009, pp.189-191, 邦訳pp. 279-281) はこの問いへの回答例を与えてくれる。それによればCAP改革の重要な要素である価格支持から直接支払いへの転換は、農業に従事する女性（とりわけ妻の立場にある女性）がEUによる農業支援を自らの手に収めることを難しくした。なぜなら、価格を政策的に高く維持するという形式の農業支援が実施されている場合、生産に従事し売り上げに貢献する人物である限り収入の一部を要求できるが、直接支払いが大規模に導入され農地所有者が支援の対象者とされれば、その地位にない人物（EUの農場の80％は男性によって運営される）は支払いを要求する根拠を失ってしまうからである。したがって直接支払いの拡充というCAP改革は、農場所有者の多くが男性であるという状況で実施されたために、支援が女性よりも男性に偏るという選別の効果を伴っていたと言える。

Locher and Prügl (2009) の分析が物語るように、CAPによる政策支援に限ったことではないが、何らかの支援は特定のグループにより多くの恩恵をもたらし、そうではないグループにとっては大した意味を持たない。場合によっては有害となることすらある。支援についてのルールの変更は当然ながら既存の支援の構造を変化させ、ある人には改善と、別の人には改悪と映る。本書の狙いは、端的に言ってCAPの支援対象の変化の描写にある。EUがCAPの頻々たる改革を通じてその支援対象からどのグループを取り除いていったのかを示すことができたとすれば、本書の目的は達せられたことになる。

本書の構成は次の通りである。第1章ではCAPの誕生の経緯および創設時の内容を説明した後、CAPが機能した結果としてどのような弊害が生じたかを論じる。この弊害は、第2章で扱う1992年CAP改革の主たる要因である。CAP改革は1992年の一度だけで完了したわけではなく、1999年、2003年そして2008年と立て続けに実施された（なお2013年にもCAPは改革されるがこれについての分析を本書は行わない)。各改革の構成要素と一連の改革が有する効果を第2章で描く。

第3章では共通政策であるCAPがどの程度共通であるのかを検討する。CAPの誕生時にせよ近年にせよ、農業政策の全面的画一化がEUで実現したことはなかった。共通政策とは言え加盟国間の農業政策の相違は常に残っていた。マクシャリー改革以降のCAPの特徴は各国・各農村地域に付随する諸条件に配慮した政策の実施が進められる点にあり、この意味でCAPの再国別化が進行している。それは意思決定と実施の側面だけではなく資金負担面においても進行しているため、財政連帯というCAPの原則の一つは脅かされている。

第4章と第5章では小規模農家に焦点を当てる。第4章では2007～13年多年度財政枠組み（Multiannual Financial Framework: MFF）におけるCAPの内容を確認して、またユーロスタットが3年ごとに実施する農場構造調査（2010年版）のデータを用いて、営農の規模とCAP補助金の受給との関連を検討する。その結果、小規模な農業経営体、特に自家消費目的で農業を営む小規模農家（半自給自足型農家）にとってCAPの支援の活用に関わる困難さが増していると判明する。実際2005年と2010年を比較すると小規模経営体は減少し、その農地は大規模経営体に吸収される一方で、小規模経営体に雇用されていた労働力は非農業部門に排出されている。つまりCAPは小規模経営体の支援策としては機能していない。小規模経営体は中東欧および南欧の加盟国に偏在しているため、CAPの機能不全の影響はEU全体に均等に広がるわけではなく、これらの加盟国により強く現れる。第5章では小規模な生産者、特に半自給自足型農家の支援策として農村開発政策が高く評価される一方で、それには共同資金負担というルール（すなわち必要な政策経費をEUがすべて負担するのではなく、その一定割合を加盟国も負担しなくてはならないというルール）が適用されるために、実際に農村開発政策を通じて彼らを支援できるかどうかはそれを実施する加盟国の財政状況に依存することを論じる。

第6章と第7章では困窮者向け食料支援プログラム（Food Distribution Programme for the Most Deprived Persons: MDP）を扱う。1992年の改革以前のCAPでは過剰生産が常態化していたため、農産物余剰を利用した生活困窮者向け支援（すなわちMDP）をEUは実施できた。MDPは加盟国政府が担当すべき社会保障政策の補足であるため、CAPは小規模ながらも社会保障機能を有していたと言える（第6章）。しかしCAP改革の結果として余剰生産物が激減したことをきっかけに、ドイツがCAPは社会保障政策ではないと訴え、それがEU司法裁判所で認められた結果、MDPはCAPから除かれることになった（第7章）。

第8章の分析はアフリカ・カリブ海・太平洋諸国（African, Caribbean and Pacific countries: ACP）を対象とする。欧州諸国の旧植民地で構成されるACPは、他の途上国よりも有利な貿易条件をEUから与えられていた。しかし世界貿易機関（World Trade Organisation: WTO）の発足を境にしてEUはACPとの関係は変化させはじめ、現在ではACPと他の途上国を区別しなくなっている。その結果ACPがEU農産物市場で獲得していた特恵は浸食された。特恵の浸食（preference erosion）のもう一つの原因は、CAP改革に伴うEUの農産物価格の下落である。ACPの生産者がEU市場への輸出から得ていた利益はCAP改革により減少している。

本書の結論として、小規模農業経営体、それを多く抱える加盟国（特に、そのうち財政状況の悪い国）、CAPの社会保障政策としての側面に頼っていた生活困窮者およびACP（特に、後発開発途上国ではないACP）は、CAPの改革の影響によりそれが提供する支援を享受することが難しくなってきたと言える。

ところで、Brexitすなわち英国がEUから離脱するというニュースに接したのは、筆者が本書の最後の校正を行っているときであった。本書が店頭に並ぶ頃にはすでに英国離脱のCAPと英国農業への影響が論じられているだろうが、それが分析された文献で筆者が入手できるものは、雑誌『ユーロチョイス』（*EuroChoices*, 2016, vol. 15, issue 2）に掲載された複数の論文など、国民投票の結果が判明する前に公表されたものだけである。離脱交渉がどうなるのかが不明であるためCAPをめぐる事態の今後の推移を予測することは不可能であるとはいえ、管見ながら農業部門の移民労働者の動向が変化することを通じてその影響が拡大していくと思われる。最新のデータとは言えないが例えばKasimis（2010）に示された数値によると、イングランドとスコットランドの農業部門労働者の3分の1以上が移民（そのほとんどが東方拡大でEUに加盟した国からの移民）であり、酪農場の3軒に1軒はポーランド人を雇用している。農業部門が移民労働者に頼っているのは英国に限ったことではなく、ドイツではアスパラガスを収穫する6週間にチェコとルーマニアから労働者を受け入れている。イタリアでは経済活動人口に占める移民の割合が5.3%であるのに対して、農業部門の雇用におけるそれは13.1%に達し、農業部門の季節労働力の60%は移民である。スペインの農業も移民に頼っており、以前はモロッコやエクアドルなど欧州以外からの移民を雇う場合が多かったが、ルーマニア人とブルガリア人の存在感が増している。ポルトガルやギリシアの状況も例外ではなく、かつては移民を送り出していた国が今では移民を受け入れ、農業および非農業両部門における彼らの貢献により農業と農村を維持できるという現象が見られる。現在では新規加盟国からのEU内移民を無視して欧州の農場経営を考えることはできないため、英国の離脱交渉はその動きを左右することにより、欧州の農村における雇用のあり方を少なからず変えていくことだろう。

最後に、本書での記述についていくつかの留意点を示しておく。

本書の分析対象は2007～13年MFFのCAPまでである。2014年以降のCAPの研究は今後の課題としたい。

欧州委員会という訳語を、Commission of the European CommunitiesとEuropean Commissionの双方に用いている。

インターネットを利用して閲覧した資料のうちアクセス日の記載のないものは2016年2月4日にアクセス可能であった。なお、本書の図表における数値の一部は四捨五入により計算が合わない場合がある。

第1章 共通農業政策の誕生

本書の主題である共通農業政策（Common Agricultural Policy: CAP）とはEU（European Union）が実施する共通政策の一つで、EU加盟国の農業を対象としている。第Ⅰ節でCAPが誕生した理由と初期CAPの内容を示した後、実際に機能しはじめたCAPが直面した困難を第Ⅱ節で指摘する。

Ⅰ 初期CAPの内容[(1)]

1 なぜCAPが誕生したのか[(2)]

EUに限らず多くの国で農業保護は実施されている。その理由として考えられることは第一に経済発展（所得増加）に伴う需要増加を農業部門ではあまり期待できないという事実である。所得水準が一定の高さに達した社会では、所得に対する農産物需要の弾力性が小さいと表現してもよいし、給料が上がるにつれて比例的に摂取カロリーを増やしていく人などいないと理解してもよい。この事実は、人口増加と農産物輸出を考えなければ農産物需要の増加に限界があることを意味する。他方農産物供給についていえば、品種改良や新しい農機具の開発などにより生産性が上昇していく。需要拡大に限界がありながら生産性が上昇すれば、農産物価格は下落し農業部門の所得も低下する。それゆえ社会的に不可欠な農業は所得面で政策的保護を受けてきた[(3)]。

第二に生産継続の重要性を農業保護の根拠として挙げることができる。農地を数年間放置した後、再度そこで生産しても即座に以前の水準で生産できるわけではない。自然が相手であるがゆえに、農地の再生には金銭では代替できない一定の年月を必要とする。農地にとって生産の継続、少なくとも生産可能な状態の維持は重要な意味を持つ。その一方で農業ではやはりそれが自然を相手にするが故に生産量の調節が困難であるため、農産物価格の決定が全面的に価格メカニズムに従うとすればその乱高下は避けられず、価格下落と収入減少による離農およびそれに伴う耕作地の放棄もまた発生する。したがって価格メカニズムへの依存は長期的な農産物生産の基礎を揺るがせる可能性を伴っている。EUに限らず日本でも農業部門の価格メカニズム機能は政策的に抑え込まれてきた。

農業保護の一般的根拠につづいてここからは第二次世界大戦後の欧州を取り巻く環境を考慮してCAPが成立した理由を考える。まず想起すべきは欧州統合が平和を目的として始まったという事実である。いかにして欧州から戦争の芽を摘むかという問題意識なくしてその出発を語ることはできない。戦間期、農業人口の多くは農産物価格の崩壊に策を講じなかった政府に外方を向いて極右グループを支持し、それが第二次世界大戦の遠因となった。この経験は、価格支持を通じた農業所得維持政策を各国政府に採用させるに十分であった（Rieger, 2005, pp. 169-170）。

次に考えるべきは欧州統合出発当時の農業の規模である。1950年の農業部門は雇用と所得の両面において2000年時点とは比較にならないほど大きな役割を果たしていた（表1−1を参照）。それゆえ統合を進めるには農業者の反対を避けなくてはならず、農業保護を統合と関連付ける必要が

表1−1　1950年と2000年における農業部門の規模（就労人口とGDP）

	総人口に対する農業就労人口の比率（%）		農業部門のGDPのシェア（%）	
	1950年	2000年	1950年	2000年
オランダ	17.7	3.4	12.9	2.2
ベルギー	11.9	1.8	8.8	1.1
ルクセンブルグ	24.7	2.3	9.5	0.6
フランス	30.9	3.4	15.0	2.2
ドイツ（西ドイツ）	23.0	2.5	12.3	0.9
イタリア	44.4	5.3	29.5	2.4

出典：Rieger（2005), p. 163より作成。

あった。

CAP成立のもう一つの要因は農産物貿易をめぐる米国との関係である。米国は、第二次世界大戦後の貿易制度を規定する関税および貿易に関する一般協定（General Agreement on Tariffs and Trade: GATT）においてウェーバー（義務免除）を1955年に獲得したため[(4)]、欧州各国の農産物市場の制限措置を攻撃できる立場にあった。それに対して欧州統合を開始した欧州経済共同体（European Economic Community: EEC）の6カ国[(5)]が農業保護を継続するために利用したのがGATT第24条であった。これは、実質上すべての貿易について関税等の廃止を妥当な期間内に行うことなど一定の条件が満たされる場合、GATT加盟国による関税同盟や自由貿易協定を最恵国待遇の例外として認めるものである。EEC6カ国が異なる農業構造を抱えているにもかかわらず農産物の共同市場の創設に合意できたのは、それ以外に農業保護を継続する手段がなかったからであるとも言える（Rieger, 2005, p. 170）。

2　ローマ条約におけるCAPの規定とCAPの三原則

CAPとは、ローマ条約（第38～47条）に根拠を持つ、EU加盟国すべてが採用する農業政策である。CAPは品目別の共同市場が順に設置されるという形で発展してきた。穀物に関する共同市場設立の規則が1962年1月14日に採択され、これ以降その他の農産物についても同様の規則が順次採択されたことから、この日がCAP発足日と見なされる。数々のCAP改革が行われCAPで利用可能な政策手段は変更されているが、ローマ条約の記載を基礎とするという点に変更はない。

ローマ条約第40条ではまず、第39条（表1－2を参照）のCAPの目的を達成するために農業市場に関する共同体共通の組織を設立することが述べられる。それに次いで、その共通組織は、第39条に定められた目的の達成のために必要なすべての措置、とりわけ価格の規制、様々な生産物の生産および販売への助成、貯蔵と繰り延べの制度、輸出入の安定の共通メカニ

表1－2　ローマ条約第39条における農業に関する規定

1　CAPは次に挙げる目的を持つ。 a　技術進歩の促進ならびに農業生産の合理的発展および生産要素なかでも労働の最適利用の確保によって、農業の生産性を向上させる。 b　それにより、農村住民の公正な生活水準を、特に農業従事者の個人所得の増大によって確保する。 c　市場を安定させる。 d　食糧の安全な供給・備蓄を保証する。 e　消費者への妥当な価格での供給を確実に行う。 2　CAPとそれが含む特別な手段の設置準備にあたり、次の点が考慮される。 a　農業の社会的構造と様々な農業地域間の構造的自然的格差とが生み出す農業独特の性質。 b　適切な調整を徐々に実施する必要性。 c　加盟各国において農業が一国経済全般と密接なつながりを持つという事実。

出典：http://eur-lex.europa.eu/legal-content/EN/TXT/?uri=CELEX:11957E/TXT

ズムなどを採用できると規定されている。

ローマ条約第43条第1項には加盟国が農業政策を比較するために会議を開催すると記されている。それはストレーザ会議という形で1958年に実現し、そこでCAPの三原則が設定された。第一の原則は単一市場である。これは域内農産物貿易に対する障害の除去と各農産物の域内価格の設定を意味している。なお域内価格は、CAPが農業所得の向上を目的の一つとしているため、世界市場価格よりも高めに設定された（図1－1を参照）。第二の原則は共同体優先、すなわち域内市場の安定と域内農業所得の維持のために域内市場を優遇するという原則である。例えば域外農産物が域内市場に混乱をもたらすことを防ぐために関税や輸入課徴金を用いることや、輸出払戻金による余剰農産物の輸出促進措置はこの原則に基づく。第三の原則、財政の連帯とはCAP運営の費用は各加盟国ではなく共同体が負担するという原則であり、これのために欧州農業指導保証基金（European Agricultural Guidance and Guarantee Fund: EAGGF）が設置された。

これら三原則に基づくCAPの主要な政策手段は、第一に共通財政（EAGGF）による農産物の域内価格での無制限買い上げ、第二に余剰農産物の補助金付き輸出、第三に農産物の厳しい輸入制限であった。

3　CAPの価格制度

内田・清水（1991）第4章に基づいて農業共同市場のかつての価格制度を、小麦を例にとって確認する（図1－1を参照）。

農業共同市場を維持するために閣僚理事会は3種類の価格（指標価格、介入価格、敷居価格）を毎年定めた。指標価格は消費の中心地であるドイツ・デュイスブルグでの小麦価格として定められたが、これは厳格に維持される価格ではなく目安として利用された。

介入価格は共同市場全域に適用される最低保証価格で、指標価格から約

図1－1　初期CAPの価格制度（小麦の事例）

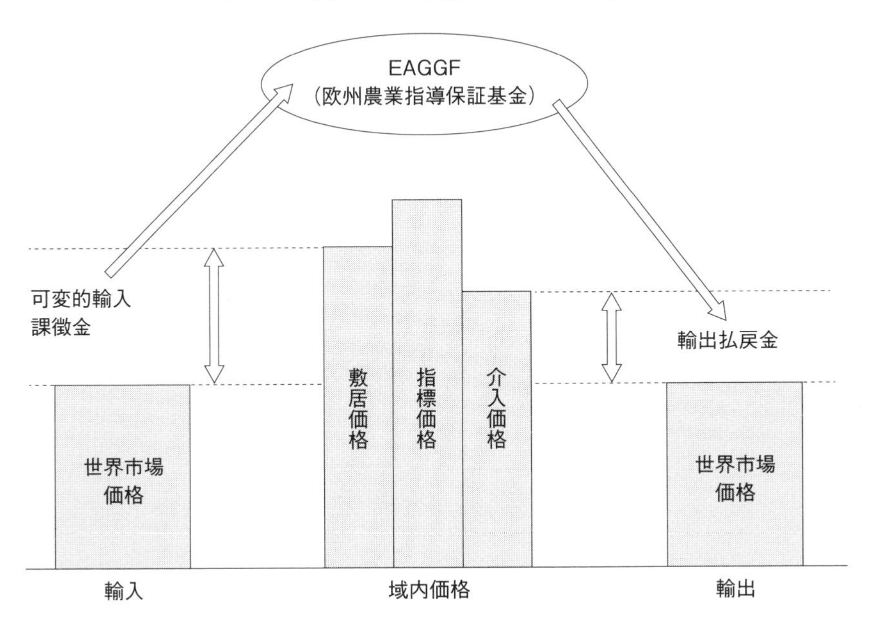

出典：内田・清水（1991）、p.70、図4－1。

7％低い水準に定められた（フランス・オルムスに対して設定された価格である）。実勢価格が介入価格を下回ろうとしている場合には公的介入（買い上げ）が実施された。介入価格は輸出払戻金の算定の基礎としても利用された。

敷居価格は代表的輸入港オランダ・ロッテルダムに対して設定され、指標価格と介入価格の間に位置した。ロッテルダムからデュイスブルグまでの運賃その他諸経費を敷居価格に加算すると指標価格となる。敷居価格は可変的輸入課徴金の算定の基礎として利用された。

可変的輸入課徴金は、敷居価格を下回る価格で小麦が輸入されるときに徴収され、その額は敷居価格と世界市場価格（輸入品のCIF価格[(6)]）の差に等しい。

4　経済学による価格支持政策の説明[(7)]

EUに限らず先進国では、農業所得の相対的な低下を防ぐために市場介入を通じて農産物価格を引き上げる価格支持政策が利用されている。この

図1－2　先進経済段階における農業調整問題

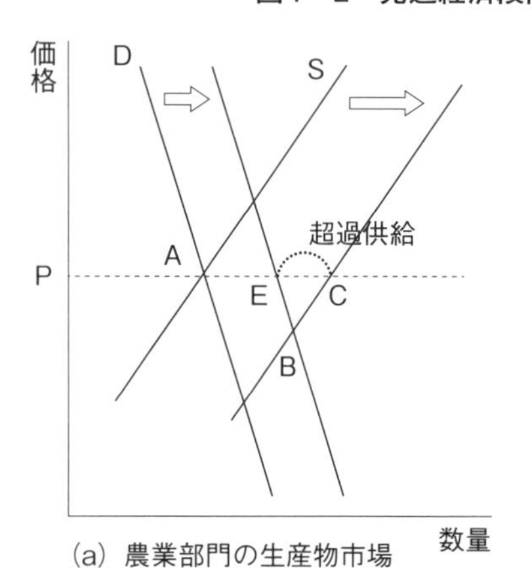

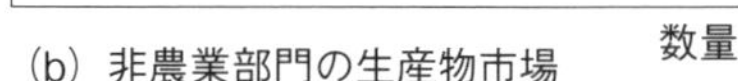

出典：速水（1986）、p. 48、3－1図に加筆。

事実を図1－2に基づき説明しよう。ここでは先進国が想定されているが[8]、需要曲線の形状については注9を参照[9]。

図1－2（a）において、価格支持政策が採用されている場合、需要曲線と供給曲線がシフトして市場均衡点がAからBに移っても、政府は農産物価格をPに維持するため、CEに相当する超過供給が生じる。価格を維持するにはこの超過分を市場から隔離せねばならず、そのために政府は超過分を買い上げて貯蔵する。超過供給が存在する限り買い上げと貯蔵の費用は増大しつづけるが、政府はそれを防ぐために、在庫農産物を工業原料などとして売却したり食料援助として途上国に提供したり、場合によっては輸出補助金を用いて海外に輸出する。過剰農産物の貯蔵と処分の費用が財政上の問題となってくれば生産を制限しなければならなくなり、例えば供給過剰の作物に作付け制限を課すことになる。これには供給曲線を左に戻す効果がある。

Ⅱ CAPが直面した困難

1 CAPが抱えた問題

CAPは価格政策を主軸として運営されたが、時間経過とともにその問題点が目立つようになってきた。その主たる原因は、最低保証価格（介入価格）を高い水準で維持したことだった。CAPがもたらした第一の問題は過剰生産に伴う財政負担増大である[10]。先に記したように、CAPの根幹は介入価格での共通財政による無制限買い上げにある。このような政策の下では生産者は当然ながら少しでも生産性を上げようとする（図1－2（a）では供給曲線の右へのシフトとして現れる）。生産量は需要量を超過しても増え続け、過剰生産は恒常化していった。農産物の過剰生産が共同体財政に負担をかけなかったとすれば、それは問題視されることはなかったかもしれない。しかし実際には域内では消費されない農産物のために毎年巨額の財政支出が実施され続けた。それに加えて、買い上げられた農産物は補助金を利用して輸出され、輸出払戻金という形でも過剰農産物は共同体財政を圧迫した[11]。

第二の問題は環境悪化である。これも第一の問題である共同体財政の圧迫と同様、無制限買い上げがもたらした過剰生産に起因する。無制限買い上げは農家を集約的生産へと促し、それは農薬と肥料の使用量を増加させていった。それが一定量を超過した場合、作物が吸収しきれなかった農薬と肥料が地下水や河川に流れ込み水質を悪化させることになる。このような事態は各地で発生した。集約的生産は酪農や畜産においても見られ、この部門における集約的生産の負の側面は排泄物による土壌と水質の汚染という形で現れた。集約的農業は土壌や水質の悪化という問題に加えて、景観の悪化や動物が生息できる領域の破壊という問題も生み出した。これは集約的農業を進めていく過程で農業関連の基盤整備（例えば排水設備の拡張）が進められたことに起因している。

第三の問題は農業者間の所得格差である。ローマ条約が示した農業者の所得向上という目的を達成するためには、域内価格の設定という手段によって農産物価格の乱高下を防ぐことが不可欠である。しかしそれは農業所得支援が生産量に比例するということを意味し、それゆえ営農を大規模かつ集約的にすればするほどより多くの支援を受けることができた。CAPの価格制度では農業所得の改善効果が、小規模農家よりも大規模農家にとって有利なように現れたと言ってもよい[12]。もしも域内の農家の経営規模に大きな差がなければ域内価格が弊害をもたらすとは言えないだろう。しかし村田（1996、第4章、第I節）で指摘されたように、1968年12月に発表されたマンスホルト・プラン[13]以降1990年代前半にかけて、EU農業の二層構造すなわち一方で中規模以上の経営規模を有する農業経営体が増え他方で条件不利地域では零細農業経営が多数を占めるという構造が現れてきた。またCommission of European Communities（1991a, p. 2）によればEAGGF補助金の80％は全農業生産者のうち経営規模で最上位に属する20％に支給されている[14]。農業者間の所得格差拡大を抑制するための機能が

CAPには備わっていなかったといってよい。

ローマ条約を根拠とするCAPは、農村社会の安定を目的として創設され、その実現に一定の貢献をなしてきたことは確かである。しかしそれは同時に上記三つの問題を伴い、それらがCAP改革を促した。

2 CAPと通貨――通貨変動調整金(MCA)[15]について

CAPの基礎には共同体共通の単一価格（域内価格）が存在するという原則があった。それを表示する単位は農業計算単位（Agricultural Unit of Account: AUA）で、その価値は金換算で定められ当時の1ドルと等しいとされた。国際通貨基金（International Monetary Fund: IMF）の固定相場制が機能している限りこの制度が混乱を引き起こすことはない。しかし1960年代後半、とりわけ1968年以降、通貨価値の変動が激しくなるとCAPは混乱に陥った。

1969年夏にはフランス・フランが約11%切り下げられ、同年秋には西ドイツ・マルクが約9%切り上げられた。AUA単位での農産物価格が不変ならばフラン建て農産物価格は上昇するはずである。別の書き方をするならば、フランの価値が下がったのだから一定量のフランと交換できる農産物の量は切り下げの後には減るはずだ。しかし当時のフランスではインフレが進行中であり一層の農産物価格の上昇はフランス政府には受け入れられなかった。その結果フランス国内での農産物価格は域内価格を下回るため、フランスで農産物を購入した人物がそれを例えば西ドイツに輸出し、受け取ったマルクを市場でフランに両替すれば利益を得られることになった。通貨変動が招いたフランスからの農産物輸出の誘因を打ち消すため、フランスからの輸出には課徴金が課されフランスへの輸入には補助金が支給されることになった。これらがMCAである[16]。導入当初のMCAはそれほど複雑ではなかったが、変動相場制への移行によってMCAは複雑さを増し、それがEAGGFに与える財政上の負担も大きくなっていった[17]。

注

（1）CAPが誕生するまでの経緯については第３章第Ⅰ節1を参照。

（2）この項は豊（2010a、第2節）に沿って記述している。

（3）農業部門から非農業部門への労働移動が生じれば、農産物需要が伸び悩むときに生産性が上昇しても農業部門の一人当たり所得が低下するとは限らない。「だが現実には、農業・非農業間における労働の移動には世代の交代を含むきわめて長い期間を要する。農民の労働、なかんずく中高年者の労働には農作業の熟練という人的資本が組み込まれており、その資本価値がゼロとなることを意味する離農・他産業への就業は、よほど大きな所得格差が発生しない限りおこなわれ難いであろう。もしそのような所得格差が農業と非農業との間で発生し、労働移動が促進されるとすれば、農民の不満はもとより、都市・農村間の人口分布の急速な変化は農村の過疎、都市の過密現象を通して社会・政治的不安をまきおこしかねない。先進国に一般的な農業保護政策は、こうした困難に対処するためであり、いうならば農業保護の費用は産業調整の社会的費用を低めるためにおこなわれる支出であると見なすことが出来よう」（速水、1986、p. 21）。

（4）GATTで自由貿易が謳われていながら現実には農業に関して貿易制限措置が実施されているのは、輸入制限禁止の特例や輸出補助金禁止の特例が認められているからである。GATT第11条第2項c（1）において、第一に国際収支が赤字の場合、第二に発展途上国の幼稚産業保護に必要な場合、第三に農産物計画の実施により国内で生産制限を実施している場合のいずれかにあてはまるときには例外的に輸入数量制限が容認され、また同第16条Bにより輸出補助金禁止の例外が認められる。さらに同第25条のウェーバー条項により総会で３分の２以上（WTOでは75％以上）の同意を得られれば貿易制限措置が認められる。例えば米国はウェーバーを獲得することにより酪農品等の輸入数量制限を合法化した。遠藤（2004、pp. 7-9）を参照。

（5）EEC6カ国はイタリア、オランダ、ドイツ（西ドイツ）、フランス、ベルギーおよびルクセンブルグである。

（6）CIF（Cost, Insurance and Freight）価格とは保険料と運賃を含む価格を指す。

（7）速水（1986、第３章2）を参照。

（8）図1－2は先進経済段階に限定されたものとして速水（1986、p. 48）に掲載された。同書（pp. 20-21）に従えば、先進国では過剰な資源の農業部門への投下に起因して農業生産要素の報酬率が低下するという農業調整問題が発生する。

（9）図1－2（a）について。先進国では、所得が高く食料消費は飽和に近いため、非先進国と比較して食料需要の価格弾力性は小さい。つまり農業部門の需要曲線は垂直に近くなる。また人口成長が遅く需要の所得弾力性が小さい先進国では食料の需要曲線はあまりシフトしない。他方、先進国農業の技術進歩は速いため供給曲線のシフト幅は需要曲線のそれを上回る。図1－2（b）について。非農業部門の需要曲線が水平に近く横方向に大きくシフトする理由は、非農業生産物には必要度の低い贅沢品が含まれるために需要が価格に対しても所得に対しても大きな弾力性を持つからである。他方、先進国製造業の技術進歩は先進国農業のそれに遅れる傾向にあるから、非農業部門の供給曲線が農業部門のそれ以上にシフトすることは考えにくい（速水、1986、p. 49）。

(10) CAPの財政問題に目が向けられるようになった要因の一つは、それに批判的な英国の欧州統合への参加であり、もう一つは1970年代に2度実施された欧州諸共同体（European Communities: ECs）の財政制度の変更、すなわちECsが自己財源を持つようになったことおよびそれに関連して欧州議会の財政審議権が強化されたことである。また1979年から欧州議会の議員選出方法が変わり直接普通選挙制になった。それ以前、財政決定権は専ら理事会にあって農業関係の支出は農業大臣の決定から自動的に決まっており、農民の圧力が財政に反映されていた。しかし欧州議会の権限の変化を経てそれが予算修正権、予算拒否権を持つようになり、CAPへの批判が議会の予算審議の中で積極的に展開されるようになった（内田・清水、1991、p. 78）。

(11) 過剰生産された農産物の補助金付き輸出は途上国農家の経営を危機に陥れるというという弊害も生み出している。例えばEUの粉ミルク生産企業は過剰生産された牛乳を使って粉ミルクを生産し、それを発展途上国に輸出している。牛乳生産にも粉ミルク輸出にも巨額の補助金が支出されているためその輸出価格は低くなる。その結果発展途上国における酪農家はEU産補助金付き粉ミルクに経営を脅かされている。これはEUの農業補助金が途上国の農家を圧迫しているという事実の一例である。この点を指摘したドキュメンタリー番組としてデンマーク公共放送のDRが2004年に制作した*Nailed to the Bottom*があり、これは「EU農業が発展途上国を圧迫する」という邦題で2004年にNHKで放送された（http://www6.nhk.or.jp/wdoc/backnumber/detail/?pid=041216）。

(12) Fennell（1997, p. 7, 邦訳p. 19）によれば、CAPの価格支持政策は貧しい消費者および納税者が裕福な農家を支援するという事態を排除しておらず、この点においてもCAPは改善されるべきである。

(13) マンスホルト・プランとは初めて試みられたCAP改革であり、高水準の価格支持政策に誘発される過剰生産に対処するための改革案である。その内容は、農業部門の近代化と生産性向上、支持価格の引き下げ、高齢農業者の退職奨励などである。マンスホルト・プランの詳細については、Fennell（1997, ch.8）およびGrant（1997, pp. 70-71）を参照。

(14) Bernstein（2005）によれば、毎年数十万ポンドのCAP資金がアグリビジネスや英国王室（例えば、エリザベス女王やウェストミンスター公）に支払われ、またオランダとフランスに農場を保有しているオランダの農業大臣フェールマン（Cees Veerman）は毎年17万ユーロの補助金を受け取っていたことが公表された。小規模農家を支援するための政策がCAPであるという、多くのヨーロッパ人が抱いているイメージは、現実とは食い違う。

(15) MCAはMonetary Compensatory Amountsの略である。MCAに関連する本稿の記述はFennell（1987, 邦訳第6章）および内田・清水（1991、第4章）に基づく。

(16) マルク切り上げ時のMCAはフラン切り下げ時とは逆の形態、すなわちフランスの輸入に対する課徴金および輸出に対する補助金という形態を取った。

(17) MCAの複雑化についてはFennell（1987、邦訳第6章）および農林水産省国際部海外情報室（2000）を参照。MCAの分析を中心に据えて、農業共同市場の創設と維持が通貨同盟創設を要請するという論点を掘り下げた研究として田淵（1993）がある。

第2章 1992年共通農業政策改革とそれに続く改革

共通農業政策（Common Agricultural Policy: CAP）は前章で述べた問題を克服するため、関税および貿易に関する一般協定（General Agreement on Tariffs and Trade: GATT）のウルグアイ・ラウンドを契機として改革されることになった。本章ではマクシャリー（Ray MacSharry）農業担当欧州委員会委員に主導された1992年改革を嚆矢とする一連のCAP改革の過程を辿っていく。

第Ⅰ節でマクシャリー改革が実施された理由と改革内容を示した後、それに続く一連のCAP改革を第Ⅱ節で描く。なお2013年改革以降のCAPすなわち2014～20年多年度財政枠組み（Multiannual Financial Framework: MFF）のCAPについては本書では扱わない。その詳細は欧州委員会のホームページ(1)、勝又（2014）、平澤（2014）等を参照。第Ⅲ節ではDaugbjerg and Swinbank（2009）を手がかりとして、マクシャリー改革以降のCAP改革が内包する特徴を指摘する。

Ⅰ マクシャリー改革

1 マクシャリー改革を導いた二つの要因

1992年のマクシャリー改革の背景には前章で述べたCAPの問題がある。すなわち過剰生産に伴う財政負担増大および環境悪化ならびに農家間の所得格差である。しかしそれらは言ってみれば積年の課題であり、なぜ1992年にCAPが改革されたのかを説明する理由にはならない。ここではなぜ1992年なのかについて論じよう。

1992年といえば1986年に始まったウルグアイ・ラウンド交渉が白熱していた時期であり、この交渉で米国やケアンズ・グループ[(2)]が欧州諸共同体（European Communities: ECs）の農産物市場の一層の自由化を要求し、それがCAP改革への圧力となった。1987年7月米国がECsに求めたものは輸出補助金、貿易歪曲的な国内補助金、輸入障壁および輸入数量規制の撤廃ならびに市場アクセスの改善であった。ECsは当然これに反発し、当初両者の隔たりは大きかった[(3)]。ウルグアイ・ラウンド交渉の期限と設定されていた1990年12月、ブリュッセルでの貿易交渉委員会会合において米国とケアンズ・グループを含む多くの国の間で大筋の合意が生まれていたにもかかわらず、フランスとアイルランドが欧州委員会を通じて合意に反対する意思を表明したため交渉は決裂した。米国とケアンズ・グループはECsが農業で何らかの動きを示さない限り交渉再開はありえないという立場をはっきりさせた。この交渉停滞は、ECsがマクシャリー改革の叩き台となるマクシャリー提案（Commission of the European Communities (CEC), 1991a）を公表しCAPを改革するという姿勢を見せたことにより打破された。ウルグアイ・ラウンド交渉の議長であったダンケル（Arthur Dunkel）が1991年12月に最終合意案を提示した後、翌年11月のブレアハウス合意[(4)]を経て最終合意に至った[(5)]。

ではなぜ欧州側はウルグアイ・ラウンド交渉が決裂することを覚悟でCAPを改革しないという選択をしなかったのか。これには二つの理由が考えられる。第一の理由は欧州委員会の立場である。ウルグアイ・ラウンドには、ECsの各加盟国が参加するのではなく、欧州委員会が加盟国の代表として出席した。もしも欧州委員会が外国の要求を拒否しつづけCAP改革を実施しようとしなければウルグアイ・ラウンドで合意が得られない。そうなれば欧州委員会の国際的な存在意義が問われてしまうために欧州委員会はCAP改革を推進する立場に立った（Coleman and Tangermann, 1999, p. 395）。第二の理由はウルグアイ・ラウンドが農業交渉に限られてはいないからである。CAP改革に応じなければ工業分野における合意が無意味となる。それは回避したいというのが欧州各国の思惑であった(Keeler, 1996, p. 143)。

長年指摘され続けてきたCAPの弊害を改善しようという勢力が存在し、それに加えてウルグアイ・ラウンドという圧力がCAP改革を促したがゆえに、そしてCAP改革に反対する勢力を説得できる内容の改革案をマクシャリー農業担当委員が提示できたがゆえに、1992年にCAPは改革されることになった。

2　マクシャリー改革の内容

マクシャリー改革の内容は次の3点に要約される。第一に過剰生産抑制のための減反や休耕（セット・アサイド)、第二に域内価格の引き下げである。第三に直接支払いの重視、つまり農業所得支援の重点を消費者負担型の価格支持から納税者負担型の直接支払いに移しはじめたことである。

前章で挙げた三つのCAPの問題のうち、欧州農業指導保証基金（European Agricultural Guidance and Guarantee Fund: EAGGF）への圧迫と環境の悪化という2点を克服していくためには、生産者の増産インセンティブの抑制および集約的農業からの脱却が不可欠だった。それゆえ減反・休耕と域内価格引き下げがマクシャリー改革に盛り込まれた。さらに価格引き下げはウルグアイ・ラウンドにおける外国からの要求に応えるものでもあった。というのはそれが市場アクセスの改善をもたらすだけではなく、輸出補助金の削減をも可能としたからである[(6)]。

しかし減反・休耕と域内価格引き下げという措置には農業所得の低下という別の問題を生む危険性があった。つまりそれらによってCAPの弊害を除去できたとしても、ローマ条約に記された農村社会の公正な生活水準の確保という目的が蔑ろにされかねなかった。農業所得の引き下げを前提とした改革は、たとえそれを欧州委員会が強く主張したとしても、加盟国の同意を取り付けることができないということをマクシャリーは知っていた[(7)]。それゆえマクシャリー改革では第三の要素、所得補償としての直接支

表2-1　マクシャリー改革における直接支払い措置の概要

(1) 青年農業者に対する助成	
対象者	40歳未満の農業者。
助成限度額	①就農奨励金：1万エキュ。 ②就農に要した借入金への利子補給：5年間総額1万エキュ。 ③追加投資助成：下記（4）の投資助成に加えて、その限度額の25%を上乗せして助成される。
(2) 早期離農に対する助成	
対象者	55歳以上の農業者および被雇用者で、農業生産が停止されるかまたは所有地が他の農業経営の規模拡大に利用されること。
助成限度額	①早期離農者の場合：年間4,000エキュの所得補償、および手放した農地1ヘクタール当たり250エキュ（ただし上限1万エキュ、最長10年間または70歳まで）。 ②被雇用者の場合：年間2,500エキュ（ただし10年以内）。
(3) 就農訓練に対する助成	
対象者	経営、生産、販売面の訓練を受ける農業者、農業労働者、ならびに生産者団体および協会の管理者および経営者。
助成限度額	訓練を終了するまでの期間、一人につき最高7,020エキュ。
(4) 農場への投資に対する助成	
対象者	①市場の需要に合わせた品質改善および生産転換を図るための投資。 ②生活、労働条件の改善、生産コストの削減を目的にした投資。 ③環境の保護・改善に関する投資を実施した者。 ただし、過剰産品の生産増をもたらす投資に関しては助成が制限される。
助成限度額	6年間で1労働力当たり6万エキュ、または1農場当たり121,486エキュを限度とする投資額の20～35%を助成する。
(5) 農地の休耕に対する助成	
対象者	作付け可能な基準面積の15%を休耕した農家。 ただし穀物92トンの生産に要する面積を超えない小規模生産者は、休耕することなく補償支払いを受けることができる。
助成限度額	休耕による所得損失額を考慮し1993/94年度当初1トン当たり25エキュから1995/96年度には45エキュに漸増する。
(6) 環境の保護および田園地帯の維持と両立する農業への助成	
対象者	環境・景観の保全と両立する生産方式（化学肥料使用量の削減、有機農法の導入、耕作放棄地の維持など）の導入を約束する農業者。
助成限度額	①一年生作物：1ヘクタール当たり年間150エキュ。 ②耕作放棄地の維持：1ヘクタール当たり年間250エキュ。 ③休耕・自然公園として整備：1ヘクタール当たり年間600エキュ。
(7) 農地への植林、防風林や林道整備などに対する助成	
対象者	農用地において林業を行う農家。
助成限度額	①植林に対する助成：1ヘクタール当たり、針葉樹3,000エキュ、広葉樹4,000エキュ。 　育林費用：5年間で1ヘクタール当たり1,900エキュ。 　所得補償：年間1ヘクタール当たり150エキュ（ただし植林の年から20年間が限度）。 ②防風林の設置：1ヘクタール当たり700エキュ。 ③林道建設：1ヘクタール当たり18,000エキュ。
(8) 条件不利な地域に対する助成	
a. 条件不利地域の農業に対する助成	
対象者	3ヘクタール以上の農用地を保有し、5年間以上農業に従事することが確実な農業者。
助成限度額	①家畜生産の場合：1家畜単位当たり年間102エキュ。 　1家畜単位とは、牛、馬は1頭、羊、山羊は7頭で1家畜単位。 ②家畜生産以外の場合：1ヘクタール当たり年間102エキュ。
b. 観光事業などの投資に対する助成	
対象者	条件不利地域において観光事業や加工事業へ投資する農家。
助成限度額	（4）の投資助成が10ポイント増しになり投資額の30～45%助成される。

出典：矢口（1997）pp. 108-109に加筆。

払いが活用されることとなった[8]（直接支払い措置の概要について表2−1を参照）。

さらに直接支払い方式の補助金は第三の弊害であった農業者間の所得格差をいう問題も改善する可能性を持っている。なぜなら直接支払い制度の下では必ずしも生産規模と所得支援額とが比例関係にあるわけではないため、零細農家に支援を重点的に提供することが可能となるからである。

別の論点から直接支払いを論じよう。「十分な農村人口を維持しなければならない。自然環境、伝統的景観および社会全体から支持されている家族経営に基づく農業モデルを守っていくには、そうする以外に方法はない。そのために必要なのは有効な地域開発政策である。そしてこの政策は農民なしには成立しないだろう」(CEC, 1991a, pp. 9-10)。マクシャリー提案に示されたこの文言は、直接支払いを導入していくにあたって重要な意味を持った。というのはここには、食料生産者として農民が不可欠であるというだけではなく、環境および景観の維持ならびに農村地域社会の発展という面からみた場合にも農民は不可欠であるという見解[9]が示されているからである。もしも農民の役割を食料生産に限定するとどうなるか。第二次世界大戦直後のように食料が不足している状況にあれば、農民は食料の生産者であるから保護されるべきであるという主張は受け入れられるだろう。しかし生産過剰であると同時に農業向け財政支出が莫大であるような状況においてはこのような主張は受け入れられにくい。農民を食料生産者としてしか位置付けないならば「食料生産は効率的生産が可能な生産者に任せて、非効率的生産者は潰してしまえばよい。そうすれば過剰生産がなくなるだけではなく農業補助金も減少する」という主張に反論できない。したがって農産物の過剰生産が問題となっているような状況で農業所得の維持のために直接支払いを導入しようとすれば、農民を食料生産者以外の何者かとして位置付ける必要が生じる。それゆえ環境や景観の維持および農村地域社会の発展に農民が貢献しているということが強調され、そのような貢献（特に環境面での貢献）を条件に直接支払いが支払われることになった。[10] Fennell（1997, p. 351, 邦訳pp. 451-452）の表現を利用するなら、共同体レベルで環境への配慮が推進されたことは、農家に対する代替的な所得源を確保するための手段以外の何ものでもなかった。

マクシャリー改革では直接支払いを利用することにより、生産量の削減と域内価格の引き下げという改革を妨げることなく農業所得を支援することが可能となり、それゆえ改革に対する加盟国の同意を取り付けることもできた。直接支払いの拡充を通じて生産量削減と域内価格引き下げを進めていくというCAP改革の形式は、環境への貢献がなければ直接支払いを受け取れないという補助金受給条件（後述するクロス・コンプライアンス）を制度に組み込みながら、後の改革に受け継がれていった。

Ⅱ マクシャリー改革以降の改革

1995年に欧州委員会の農業担当委員となったフィシュラー（Franz Fischler）の下で実施されたCAP改革はアジェンダ2000改革と中間見直し（Mid-Term Review: MTR）改革の二つである。『アジェンダ2000』（European Commission, 1997）はEUが中東欧諸国（Central and Eastern European Countries: CEEC）を受け入れるにあたってどのように包括的改革を行うべきかを示した文書で1997年7月に公表された。この文書に基づくCAP改革がアジェンダ2000改革であり、その実施は1999年3月に開催されたベルリンでのEUサミットで合意された。アジェンダ2000改革が農業分野でどのように進められたかを評価した文書が『CAPの中間見直し』（European Commission, 2002）でありこれに沿ってMTR改革（2003年）は実施された。フィシュラーを実質的に継いだ[11]農業担当委員ボエル（Mariann Fischer Boel）はヘルスチェック改革の指揮を執った。これはリスボン戦略の採択（2000年3月）に応じた改革である。

1　アジェンダ2000改革

EUの東方拡大に当たり、CAPにとって問題となったのは農産物価格の域内水準である。それを引き下げなければ新規加盟国において増産が生じ[12]CAP財政が圧迫されると考えられたからである。しかし価格水準を下げるだけではマクシャリー改革のときと同じく農家所得を他産業の所得並みに維持するというCAPの目的に反する。それを防ぐためにEUが採用した政策は直接支払いの拡充、つまりマクシャリー改革の強化だった。ただしアジェンダ2000改革では直接支払いについてクロス・コンプライアンスという措置が導入された（その詳細は第3章第Ⅱ節1を参照）。これは、直接支払いを受ける人はEUまたは各加盟国が設定する環境保全措置を遵守しなくてはならないということを指す。これにより農薬や化学肥料を多用した集約的生産に一定の歯止めがかけられ、生産方法がより環境に優しいものへと移行することが期待された。

2　アジェンダ2000改革における農村開発政策

アジェンダ2000改革は域内価格の引き下げと直接支払いの拡充という点でマクシャリー改革の継承である。それらに加えてアジェンダ2000改革で強く打ち出されることになった政策がある。それはCAP第二の柱と称される農村開発政策である[13]（図2-1を参照）。この政策の推進には次のような背景があった。CAPは農業所得の維持に一定の貢献を果たしてきたが、農業就労人口も農業部門のGDPシェアも全般的に減少してきた。1993年の市場統合は農村資源のさらなる都市への流出の可能性を高めたため、農村の所得と雇用を創出する政策が求められた。まして東方拡大が実現すればEUは既存加盟国の農村よりも貧しい農村を抱える。それゆえ農村開発政策は、CAP第一の柱である市場・価格政策（直接支払いを含む）に対して、第二の柱として重要政策に位置付けられ、そのための農村開発のための欧州農業基金（European Agricultural Fund for Rural Development: EAFRD）が創設されることになった。

図2－1　マクシャリー改革とアジェンダ2000改革

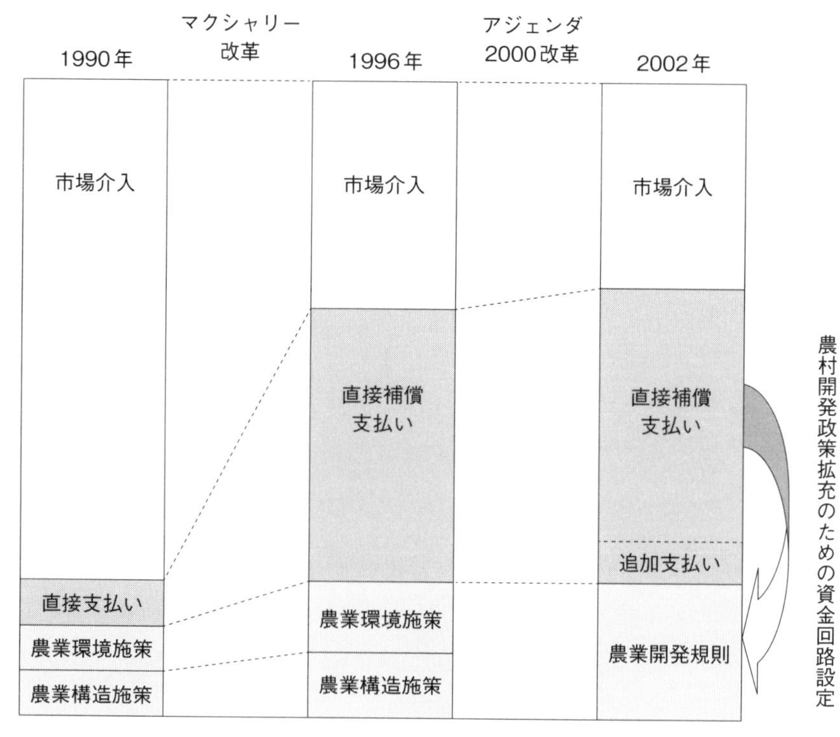

出典：柏（2004）、p.116。

農村開発政策は次に示す三つの目的と四つの原則を伴っている（European Commission Directorate-General for Agriculture, 1999）。三つの目的は農業および林業の強化、農村地域の競争力改善ならびに環境および農村遺産の保全である。四つの原則は次の通りである。第一に農業の多面的機能の尊重である。第二に様々な分野にまたがると同時に統合されたアプローチを農村経済に適用することである。その理由は農村における活動の多様化、新たな所得源および雇用源の創出ならびに農村に存在する遺産の保護を実現するためである。第三に農村開発への柔軟な支援の提供である。ただしその際に補完性原理[14]と地方分権が基礎におかれることが重要である。第四に農村開発関連のプログラムが策定および実行される際に透明性が確保されることである。ここで注目すべきは農村開発政策の目的と原則の対象が、農業従事者と非農業従事者の両方を含む農村になっている点である。これこそマクシャリー改革の後継者であるアジェンダ2000改革がCAPに付加した重要な要素である。

マクシャリー改革において直接支払いは例えば保有する耕地面積1ヘクタール当たりいくらという形で支払われていた。これでは農業に従事していなければ補助金を受け取ることはできない。それに対してアジェンダ2000改革では先に挙げた農村開発政策の原則に、新たな所得源と雇用源の創出という文言が含まれていることが示唆するように、支援対象は第一次産業としての農業と林業に限定されておらず、例えば農業関連生産物の販売促進活動や観光促進も支援対象となった。従来は構造政策[15]の対象とされていた措置がCAP第二の柱すなわち農村開発政策を構成するものとして明示された点にアジェンダ2000改革の特徴を見て取ることができる[16]。

3　アジェンダ2000改革とCEECへの直接支払い

マクシャリー改革で導入されアジェンダ2000改革で拡充された直接支払いがCEEC[17]にどのように適用されたかについて永澤（2001）および豊（2002）に基づいて述べる。

アジェンダ2000改革の予算案は新規加盟国に直接支払いを実施しないという前提の上に作成されていた。なぜならそれを実施すればCAP財政が確実に膨張するからだった。『アジェンダ2000』の農業予算案ではチェコ、エストニア、ハンガリー、ポーランドおよびスロベニアの中東欧5カ国とキプロスの合計6カ国（第一グループ）が2002年に加盟を実現させると想定されていた。2002～06年において新規加盟国向け市場介入予算は年平均12.4億エキュ、農業関連地域開発支援は同15.2億エキュ、合計27.6億エキュが見込まれていた。これに対して欧州委員会の試算によれば、当時のCAPを新規加盟国に適用すると年110億エキュが必要で、そのうち70億エキュが直接支払いに支出される。だが新規加盟国に直接支払いを適用しないならば必要額は年40億エキュ(価格支持と輸出補助金の25億エキュと地域開発支援の15億エキュ)に下がる。これが中東欧の10カ国を対象にしていることを考慮すれば、『アジェンダ2000』に計上された予算（年27.6億エキュ）で第一グループの6カ国をカバーできると考えられる。すなわちこの予算額は第一グループに直接支払いを適用しなかった場合の額と考えられる。

CEECに直接支払いを適用しないという欧州委員会の姿勢は反発を招いた。それへの欧州委員会の反論は次の３点である。第一に、マクシャリー改革で直接支払いが実施されたのは、域内価格引き下げに伴う農業所得減少を補償するという理由が存在していたからである。CEECの農産物価格は既存加盟国よりも低く、またCEECは価格引き下げ後に加盟し農家がそれを経験していないため補償としての直接支払いを受ける根拠がない。第二の反論はCEEC内の所得格差に関わる。既存加盟国と同じ基準で直接支払いがCEECでも実施された場合、CEECの一人当たりGDPを考慮すればその額はかなりの大きさになり、それを受給できる農業者とそうではない非農業者の間で対立が生じかねない。第三の反論は直接支払いが競争力向上の意欲を阻害してしまうというものだった。

このように直接支払いのCEECへの適用は政治的に大きな問題であったが、実際にその加盟が認められたときには、減額支給と自国財源による補填という形式で直接支払いが適用されることになった。すなわち、新規加盟を果たす国への直接支払い額（EU負担分）は2004年には既存加盟国と同じ基準で算定された場合の25%、2005年には30%、2006年には35%と増加していき2013年に100%に達することが決められる一方で、この金額では不十分と考える新規加盟国は自国の財源を利用して直接支払いを上乗せすることが認められた。

4　デカップルについて

MTR改革の叙述に先立ってデカップル（decouple）[18]について述べておく。欧州委員会の用語集[19]によれば「デカップルは、2003年のCAP改革で導入されたが、直接支払いの受け取りと特定の生産物とのリンクを取り去ることである。この改革以前、直接支払いと関連づけられた特定の生産物を生産した場合にのみ農業者はその直接支払いを受け取った。これが意味したのは、ある生産物の生産の収益性は、農業者がその生産物を市場で売却したときに付く価格だけではなく、特定の生産物に関連づけられた直接支払いの額にも依存したということである。2003年改革は多くの直接支払いを生産からデカップルし、この手続きは2009年ヘルスチェック改革でも続いた。デカップルの全般的効果は、農業部門を自由市場の方向へさらに移行させることおよび市場の要求に従って生産するという農業者に与えられた自由をさらに大きくすることだった」。

農業者に直接支払われる補助金のデカップル化は2005年を境に大幅に進んだ（表2－2を参照）。しかしそれ以前にCAPの補助金のデカップルが皆無だったかと言えばそうとはいえない。例えば平澤（2009）は2003年のCAP改革で導入された直接支払いについて、その金額が2000～02年の直接支払いの実績により固定され、何をどれだけ生産しても一定であるという意味で、「生産のデカップリング」（p. 236）という表現を用いる一方で、1992年に導入された所得補償としての直接支払いについて、その金額が過去の生産実績により固定された（対象面積は1989～91年の作付け、面積単価は1986/87～90/91年の単収に基づいて固定された）ために単収から切り離されたことを根拠として、「単収のデカップリング」（p. 230）と表現している。マクシャリー改革の2年後に公表された是永（1994c、pp. 94-95）は所得補償としての直接支払いを次のように評している。「価格引下げを補償する直接援助は、いわゆる不足払い制度の場合と異なり、各生産者の生産量から切り離されており、個々の生産者としては、生産を粗放化し単収を引き下げても援助額には変更がない。それは、一律の補償レート（トン当たり)、地域ごとに固定された単収および生産者ごとの基準面積の三要素により決定される。だが、個々の生産者の土地面積という形で生産要素に結合されているのであり、生産から完全に切り離されているとはいえないであろう。デカップリングの議論との関連では、完全に生産から切り離された援助（例えば、社会扶助的な援助）と不足払い制度との中間的性格をもつということができよう」。これらの研究から判断して「部分的にデカップルされた支払い（partially decoupled payments）」（Josling, 2003, p. 13）は1992年のCAP改革の時点で利用されていたと考えられる。

5 MTR改革

2003年6月のルクセンブルグEUサミットで合意されたMTR改革は、アジェンダ2000改革の評価という性格もあり、それを補完するための改革と位置づけることができる。その内容は、直接支払い制度の簡素化（すなわち単一支払い（Single Payment）スキームの導入）とそれに伴う直接支払いのデカップル化、継続的な支持価格引き下げ、農村支援策としての農村開発政策の促進、クロス・コンプライアンスの強化[20]などである。ここでは単一支払いスキームの導入によるデカップルの適用拡大に触れた後、農村開発政策に関連するMTR改革の特徴として強制的モデュレーションについて述べ、さらに再国別化（renationalization）[21]との関連でナショナル・エンベロープ（national envelopes）を取り上げる。

単一支払いスキームとは、すべての加盟国が利用できる単一支払いと、2004年以降に加盟した国だけが利用可能な単一面積支払い（Single Area Payment）で構成される。これらについて第4章第I節で詳述するが、ここでは単一支払いスキームが2005年から実施された結果、直接支払いのデカップル化すなわち直接支払いと生産の切断が大幅に進んだ[22]ことを表2-2によって示す。

モデュレーション[23]とは、巨額の直接支払いを受けている農家がいる場合、その支払額を一定程度削減し、それによって生じた資金余剰を農村開

表2－2　EUにおける1農場当たり平均補助金受給額の内容（2004年と2006年）

	EU25			EU15			EU10		
	2004年	2006年	変化額	2004年	2006年	変化額	2004年	2006年	変化額
EU直接支払い総額	7,500 73%	8,780 72%	1,270	9,460 77%	10,850 79%	1,390	1,270 33%	2,010 29%	750
カップル直接支払い	7,210 70%	1,500 12%	－5,710	9,460 77%	1,950 14%	－7,520	30 1%	50 1%	20
デカップル直接支払い	300 3%	7,280 60%	6,980	0 0%	8,910 64%	8,910	1,240 32%	1,970 28%	730
加盟国直接支払い	1,130 11%	1,330 11%	200	830 7%	720 5%	－110	2,090 54%	3,320 48%	1,230
農村開発政策関連補助金	1,550 15%	1,970 16%	420	1,890 15%	2,120 15%	240	460 12%	1,470 21%	1,000
その他	110 1%	120 1%	10	130 1%	120 1%	－10	20 0%	120 2%	100
補助金総額	10,290 100%	12,200 100%	1,910	12,310 100%	13,820 100%	1,510	3,830 100%	6,920 100%	3,090

出典：European Commission Directorate-General for Agriculture and Rural Development（2008）, p.17.
注：上段は1農場当たり平均補助金受給額（ユーロ）、下段は構成比。
　農村開発政策関連補助金にはEU財源の補助金に加えて加盟国財源のそれも含まれる。
　EU25とはブルガリアとルーマニアがEUに加盟する以前の25加盟国を、EU15とは東方拡大以前の15加盟国を、EU10とは2004年にEUに加盟した10加盟国を指す。

発資金に充てる[24]という措置である。この措置はアジェンダ2000改革でも表明されていたが、実際に導入するかどうかは各国の任意であったため、農村開発政策に充てられる資金があまり増加しなかったという経緯がある。この点を考慮し農村開発政策向け資金を充実させる[25]措置としてMTR改革では強制的モデュレーションが導入された（European Commission, 2002, pp. 22-24）。

MTR改革の内容としてナショナル・エンベロープの適用拡大について述べる[26]。これはアジェンダ2000改革時に牛肉部門で採用された措置で、MTR改革時に他の部門にも適用が拡大された。この措置は規則1782/2003第69条に基づくため単に第69条措置と記されたが、ヘルスチェック改革（後述）を経てこの措置が規則73/2009第68条に定め直されたため第68条措置と呼称が変わった。これにより直接支払いは基礎的支払いとナショナル・エンベロープに相当する追加的支払いとに分けられ、前者はEU統一の基準で支払われ後者には加盟国の裁量が及ぶ。直接支払いとしてEUが支給する補助金には加盟国ごとの上限が設定されるが、その10%以内の額であれば無条件ではないにせよ加盟国が裁量的に直接支払いを減額し、その留保分を別の目的に転用できる。つまり加盟国はCAPというEU共通政策の中で、EU財政を源泉とする資金を独自の方法で利用する手段を獲得したといえる。CAPの再国別化という流れは、上記規則1782/2003の第42条のナショナル・リザーブや第58、59条の地域化（加盟国が自国地域に支払われる補助金額を調整すること）にも現れている。

6　ヘルスチェック改革

2008年11月20日、EU加盟国の農業担当大臣はリスボン戦略に沿った新たなCAP改革（通称ヘルスチェック改革）について合意した。欧州委員会の判断によればこれを通じてCAPの現代化、簡素化および能率化が進められ農家への制限が除去されるため、農家は市場からのシグナルに反応しやすくなり、また新たな課題に挑むことができる。この改革の内容を項目ごとに示す（欧州委員会の2008年11月20日付プレスリリースIP/08/1749を参照）。

生乳生産割当の段階的削減について。2015年4月に生乳の生産割当が廃止される[(27)]が、割当廃止への移行を安定的に実施するため2009/10年から2013/14年の間、毎年1%ずつ割当が拡大される。イタリアは2009/10年の5%増加が認められる。2009/10年および2010/11年に割当量を6%以上超過して生産した生産者は通常の1.5倍の課徴金が課される。

休耕の廃止について。耕種作物の生産者を対象とした、農地の10%の休耕という要件は廃止される。これにより生産の潜在能力を最大限に発揮できる。

介入メカニズムについて。市場介入を抑制し市場メカニズムの機能を高める改革が実施される。豚肉の買い入れ介入は廃止され、大麦とソルガムのそれは0に設定される。小麦については1トン当たり101.31ユーロで300万トンを上限として介入期間内に買い入れ可能となる（それを超えるものは入札が実施される）。バターと脱脂粉乳の介入買い入れの上限はそれぞれ、30,000トンと109,000トンでそれを超えるものは入札となる。

支持のデカップルについて。これまでのCAP改革により農家への直接的援助はデカップルされてきたがカップル型支払いを継続している加盟国も存在する。しかし今回の合意によりデカップルと単一支払いへの統合がさらに進められる。ただし酪農部門など一部で例外的にカップル型支援が継続される。

クロス・コンプライアンスについて。農業者への援助は環境、動物福祉および食の品質についての基準を尊重しているかどうかに関連づけられる。こうしたルールを尊重しない農業者は支援を削減される。農業者の責任とは関係のない基準がクロス・コンプライアンスから撤廃される一方で、環境保全や水管理のための新たな要件がそれに追加される。

特別な問題を抱えた部門への支援（いわゆる第68条措置）について。現行では各加盟国に設定された直接支払い限度額の10%以内の額であれば、その資金を環境保全措置または農産物の品質および販売可能性を高める措置に転用できる（ただしある農産品部門で留保された直接支払い資金はその部門でのみ使用可能)。この措置に関して今回の合意により柔軟化される点として、ある部門から別の部門への資金の転用が容認されること、条件不利地域でもしくは脆弱な形態で牛乳、牛肉、山羊、羊および米を生産している農業者の支援のための資金活用が可能となること、自然災害に対する保険スキームや動物の病疫に対する共同基金といったリスク管理措置への資金活用が認められるようになること、単一面積支払いを実施している加盟国も利用可能になることなどである。

利用されていない資金の利用について。単一支払いを適用している加盟国は、未使用のナショナル・エンベロープ資金を、第68条措置に充てることまたは農村開発基金に移すことの一方を実施できるようになる。

単一面積支払いの延長について。単一面積支払いは2004年以降にEUに加盟した国だけに認められる直接支払いの形態で、この特例は2009年までと定められていた。しかしそれの2013年までの継続が承認された。

東方拡大後の新規加盟12カ国への追加基金について。新規加盟12カ国の農業者向け直接支払いが完全にフェイズインする（すなわちEU15と同水準の直接支払いが実施される）まで、これら12カ国の第68条措置の利用を助けるために9,000万ユーロが追加的に配分される。

直接援助から農村開発への資金のシフト（モデュレーション）について。現行制度では、5,000ユーロ以上の直接援助を受けているすべての農家は受給額の5%を削減され、その部分は農村開発予算に移されている。2012年までにこの割合が10%に引き上げられ、年間30万ユーロ以上の支払いには削減率が4%上乗せされる。この方法で得られた資金を加盟国は特定領域のプログラム（気候変動、再生可能エネルギー、水管理および生物多様性にかかわるイノベーションならびに酪農部門の付随措置）を強化するために使用できる。これには追加性原則[(28)]が適用され、EUの負担割合は通常75%であるが収斂目的対象地域[(29)]については90%である。

これらの他に、農村開発の下での若年農家向け投資援助が55,000ユーロから70,000ユーロに増額されること、一連の小規模な支援措置はデカップルされた上で2012年以降単一支払いスキームに移されること、エネルギー作物のプレミアムは廃止されることが合意された。

Ⅲ CAP改革の流れをどう見るか ——Daugbjerg and Swinbank (2009) に関して

マクシャリー改革以降のCAP改革について論じてきたが、その改革過程の分析を行った先行研究としてDaugbjerg and Swinbank (2009) がある。[30]

同書によれば第二次世界大戦直後とウルグアイ・ラウンド以後では農業のとらえられ方が異なる。GATTが出発した20世紀半ば、農業例外主義すなわち農業と他の産業は異なり政府の農業保護には正当な理由があるとの考えが、農業に対する考えの主流を形成していた。しかし農業規範主義すなわち農業と他の産業に差はなく農業の特別扱いは止めるべきであるとの考えが、ウルグアイ・ラウンドの舞台で農業例外主義の地位を奪った。[31]この変化が生じた経緯は同書第3、4章に詳しいが、そこで指摘された理由の一つは農業保護水準を測定するための生産者支持推定量（Producer Support Estimate: PSE）の国連食糧農業機関（Food and Agriculture Organization of the United Nations: FAO）と経済協力開発機構（Organisation for Economic Co-operation and Development: OECD）による開発・改良である。これ以前、農業保護がもたらす経済的損失を数量的に把握できず、農業規範主義の批判は現状を変える力を持たなかった。しかし1987年に農業保護水準の測定が認められた後それを利用した農業例外主義への批判が説得力を増し、取引を歪曲して厚生を押し下げる効果を持つと経済学者が主張する保護手段（例えば価格支持）は国際交渉で認められなくなっていった。それゆえCAPは域内価格を引き下げてそれを世界市場価格に近づけるとともに、直接支払いの拡充により消費者負担型から納税者負担型に舵を切った。ある政策が貿易歪曲的であるか否かが農産物貿易交渉で重視されはじめた結果、EUはウルグアイ・ラウンドで貿易歪曲効果のない（少ない）政策手段を採用せざるをえない状況に直面し、その後世界貿易機関（World Trade Organization: WTO）での貿易ルールの策定に積極的に関与すると同時にCAPをそれに整合的な政策へと改革していった。

簡潔に言えば、ウルグアイ・ラウンド以降農業に対する視点が農業例外主義から農業規範主義に移り、貿易歪曲性[(32)]を低下させるべきだという規範が国際交渉の舞台で確立されたことが、農業保護の負担者の消費者から納税者への変更を促したとDaugbjerg and Swinbank（2009）は見ている。

こうした変化が、それから影響を受ける国それぞれにとって不可避であり渋々受け入れざるをえないものであったにせよ、積極的に推進したいものだったにせよ、この変化の結果として、EUについて言えば農産物市場における価格メカニズムの機能を低下させる要素がより少なくなるようにCAPは改革され、国際比較で言えば政府の徴税能力が低い国ほど農業保護を実施することはより困難になった[(33)]。

注

（1）http://ec.europa.eu/agriculture/cap-post-2013/index_en.htm

（2）ケアンズ・グループとは輸出補助金の撤廃を目指して1986年にオーストラリアのケアンズで結成された農産物輸出国のグループである。詳しくはそのホームページ（http://cairnsgroup.org/Pages/Default.aspx）を参照。

（3）ウルグアイ・ラウンド当初、両者の隔たりがいかに大きかったかについては、Coleman and Tangermann（1999, section 3）を参照。

（4）ブレアハウス合意とはダンケルの最終合意案を修正した上で成立した米国とECsの合意である。これにより米国とECsで実施される穀物に対する直接支払いが青の政策に分類された。農業分野の国内支持を緑、青、黄に分類することがウルグアイ・ラウンドで合意されたが、青の政策は生産調整を伴う直接支払いを指しウルグアイ・ラウンドでは削減対象外とされた。緑の政策は貿易や生産に影響をまったくまたはほとんど与えない助成を指し削減対象外とされた。食料安全保障のための公的備蓄や生産者への直接支払いが緑に分類される。黄の政策は緑にも青にも分類されない国内支持すべてを指し削減対象である。黄の政策に分類される補助金でも、助成額が農業生産総額の5%以下の場合、品目特定型の助成については助成額がその品目の生産総額の5%以下の場合には、削減対象から除外される。この措置をデミニミス（De Minimis）と呼ぶ。山下（2005、pp. 21-22）によればデミニミスの上限金額を算定するに当たり、当該年の生産額はその年にはわからないため上限金額は翌年以降にならないと決まらないという問題点がある。また輸出補助金や国内支持が現実にいくら支出されたかを確定するには長い時間を要するため、明らかに上限値を超える補助金が支出されていない限り補助金供与国の違反を追求できない。

（5）ウルグアイ・ラウンドにおける農業交渉の過程については、Josling, Tangermann, and Warley（1996, ch.7）を参照。

（6）域内価格の引き下げが輸出補助金の削減だけではなく、輸出競争力の強化も実現したという論点について第8章注30を参照。

（7）農家に対する追加的な所得補償が実施されない限り加盟国が減反にも価格引き下げにも応じないということは、過去を振り返れば明白である。例えばドイツはマクシャリー改革の交渉過程で支持価格引き下げを受け入れる条件として所得補償が100%実施されることを要求したが、このドイツの姿勢は、1985年に同様の問題でドイツが拒否権を行使したという事実を思い起こせば予測できるものである（Hendriks, 1994, p. 59）。支持価格の引き下げとそれに応じた所得補償に対して特にドイツが敏感に反応することには歴史的な背景がある。農産物の共同市場を創設するにあたって域内価格を設定する際、ドイツがそれを高水準にすることを強く希望し結果的にそれはフランスや欧州委員会の予想以上の高水準となった。ドイツがこのように主張したのは、ドイツ農業（特に穀物部門）の競争力が低いため価格水準を高めに設定しなければドイツ農業が壊滅的な打撃を受けてしまうからだった。CAPに関する費用の実質的負担者がドイツであったためその主張は深刻な過剰生産を招くと予想されつつも受け入れられた（Grant, 1997, pp. 68-69）。

（8）穀物に関して1991年度の平均介入価格が155エキュだったが、1995年度になると介入価格は100エキュに下がり指標価格は110エキュになった。後者との差額45エキュは価格低下に伴う所得低下への補償の算定根拠とされ、1995年度の穀物部門での所得補償額は1ヘクタール当たり平均207エキュとなった（生源寺、1998、pp. 205-206）。マクシャリー改革の詳細（価格の変化幅や所得補償の水準を含む）は農林水産省国際部海外情報室（2000, 第Ⅱ章）に詳しい。

（9）このような見解が政策に色濃く反映されるようになったのはマクシャリー改革以降のことであるが、マクシャリー提案以前にこのような見解が表明されていなかったというわけではない。1970年代以降、地域主義と環境主義の影響力が強まり、これらを反映した条件不利地域政策や農業環境政策がEU農政に組み込まれてきた（是永、1994a、p. 15）。例えば環境面からみた農業の役割に関する最初の農業法制度として、Council Directive 75/276/EEC of 28 April 1975 concerning the Community list of less-favoured farming areas within the meaning of Directive No 75/268/EECがある。

(10) この論点については第5章第Ⅱ節も参照。

(11) フィシュラーの後、カリニエテ（Sandra Kalniete）が2004年に約半年間だけ農業担当委員を務めた。

(12) 現実にはCEECを含む新規加盟国に対する生産割当てが、その生産量に上限を課すことになった。ただし新規加盟国の増産という懸案が生産割当てによって解消されるのはアジェンダ2000改革より後の加盟交渉時である。

(13)『アジェンダ2000』が公表される前年の1996年に開催されたコーク会議においてCAPの中で農村開発政策を従来以上に重視するという方針が示されている。『アジェンダ2000』公表以前の農村開発政策については柏（2004、第2節）を参照。

(14) Scott, Peterson, and Millar（1994）によれば補完性原理には二つの側面、すなわち本質的原理としての側面と手続き上の基準としての側面が備わっている。前者はあらゆる政治的決定はできる限り市民に近いところで行われるべきだという原理である。後者はどのような場合にどのように行動すべきかに関する基準である。それは具体的には、EUによる政策の実施の必要性が示されなければ加盟国がそれを実施するという形態を取っている。

(15) 構造政策とは、発展から取り残された農村など政策的支援なしにはキャッチアップが困難な地域を支援し欧州市民に公正な機会を提供する政策である。2014～20年MFFにおいてこの政策に利用可能な基金は、全体として欧州構造投資基金（European Structural and Investment Funds: ESIF）と名付けられ、EAFRDの他に欧州地域開発基金（European Regional Development Fund: ERDF）、欧州社会基金（European Social Fund: ESF）、結束基金（Cohesion Fund）、欧州海洋漁業基金（European Maritime and Fisheries Fund: EMFF）で構成される（http://ec.europa.eu/contracts_grants/funds_en.htm）。CAPとの関連で言えばEAFRDが誕生する以前はEAGGF指導部門が構造政策の一部を成していた。

(16) アジェンダ2000改革で打ち出された農村開発政策にどの程度の実効性があるのかという点について、代表的な批判は農村開発政策に充てられる予算規模が小さいという点である。農村開発政策の実効性を疑問視する見解は柏（2004、

p. 114）に整理されている。

(17) EU加盟を希望する国は加盟が実現するまでに、アキ・コミュノテール（後述）を遵守し共通政策を実施できる水準にまで行政能力を高めインフラを整備しておかなくてはならない。こうした分野での加盟候補国の状況改善を支援するEUの政策は三つあり、それらはPHARE（Poland and Hungary Assistance for Restructuring of the Economy)、ISPA（Instrument for Structural Policy for Pre-Accession）およびSAPARD（Special Accession Programme for Agriculture and Rural Development）である。なおPHAREはポーランドとハンガリー以外のCEECにも適用されている。これらの詳細についてEuropean Commission Directorate-General for Enlargement（2002）を参照。なおアキ・コミュノテールとは、すべてのEU加盟国を拘束する共通の権利と義務の総体である（http://ec.europa.eu/enlargement/policy/glossary/terms/acquis_en.htm)。

(18) WTOにおけるデカップル（正確にはデカップルされた所得支持（decoupled income support)）は、ウルグアイ・ラウンドで合意された農業協定の付属文書2「国内支持」の中で、生産者への直接支払いの一形態として規定されている。生産者への直接支払いを含む国内支持がWTOで認められるための根本的な要件は、生産への効果も貿易歪曲効果も持たない（または最低限しかもたない）ことである。したがってそうした支持は公的資金による、しかも消費者からの資金移転を伴わない政府プログラムを通じて提供されなくてはならず、かつ生産者向け価格支持効果を持ってはならない。デカップルされた所得支持には上記要件に加えて三つの取り決めがある。第一にこの支払いを受ける資格の有無は明確に定義された基準（明確で固定された基準期間における所得、生産者または土地所有者という地位、要素利用、生産水準など）によって決められる。第二にこの支払いの額はどの年度においても次のものに関連しまたは基づいてはならない。次のものとは基準期間の後のいずれかの年度に生産者によって実施される生産の品目および量（家畜の数を含む)、基準期間の後のいずれかの年度に実施される生産のいずれかに適用される国内価格または国際価格ならびに基準期間の後のいずれかの年度に雇用または利用される生産要素である。第三に生産はこの支払いを受ける要件にはならない。

(19) http://ec.europa.eu/agriculture/glossary/index_en.htm

(20) クロス・コンプライアンスがアジェンダ2000改革で導入された際、すべての直接支払いに適用されたわけではなかったが、MTR改革ではすべての直接支払いはクロス・コンプライアンスの遵守が前提となった（European Commission, 2004, pp. 19-20)。

(21) 序で示したようにCAPの再国別化とは、CAPに関わる意思決定、実施および資金負担のすべてまたは一部の権限が全面的または部分的にEUレベルから加盟国レベルに戻ることを意味する。

(22) デカップルされた直接支払いを活用することにより過剰生産を抑制することはできるが、それでは農業補助金のロックインという弊害までは除去できないという主張がある。農業補助金のロックインとは、農業に従事するすべての人が農業補助金の継続を当然と考えそれを織り込んで行動するため、農業補助金を削減することが困難になるという事態を指す。例えば現在農業に従事し農業補助金を受け取っている人が農地を手放す場合、その農地で生産される農産物が生む収益だけではなく農地の保有から得られる補助金も考慮に入れて、農地の転売価格を設定することになる。したがって農業に参入する人は農地購入時点で補助金相当額を先に支払っていることになり、農業補助金が削減されれば金銭的損失を被ることになるため、それに強く反対することになる。こうした農業補助金のロックインという事態を解消するために提案されているのが、農業支援の方法を価格支持や直接支払いからボンド・スキームへ転換することである。すなわち、価格支持や直接支払いという形式で農業補助金を現在受け取っている人に債券を渡し、それ以後は債券保有者に毎年定額の支払いを行うのである(価格支持や直接支払いは廃止される)。これにより農地価格と農業補助金のリンクは断ち切られ農業補助金のロックインは解消する。農業補助金のロックインとボンド・スキームについてはDaugbjerg and Swinbank (2004) および豊 (2010b、第V節) を参照。

(23) モデュレーションについての議論、特に英国とフランスでそれが実際にどのように実施されたかについては柏 (2004、第4節) に詳しい。

(24) モデュレーションによる余剰資金を農村開発政策に充当する場合、どの農村開発プログラムに資金を割り当てるかは、それがEUで正式に認められた (すなわちEAGGFから資金配分を受けた) プログラムである限り加盟国の裁量に任される (European Commission, 2002, pp. 22-24)。

(25) European Commission (2002, p. 23) の試算では、EAGGF保証部門の農村開発向け資金はモデュレーションが実施されることによって2005年に5〜6億ユーロ増加し、それ以降も増加すると予想されていた。

(26) ナショナル・エンベロープについてはCardwell (2004, pp. 97-101, pp. 256-262)、Greer (2005, ch.8) を参照。

(27)『日本農業新聞』(2015年9月15日) によると「低乳価に対する欧州農家の怒りが収まらない。先週、ベルギー・ブリュッセルで開かれた抗議活動には6,000人の農家と2,000台のトラクターが繰り出し、生乳をぶちまけた」。価格低下は2014年7月に始まったが、それが2015年に入っても収まらないのは次の三つの理由による。第一に2014年8月にロシアが導入した欧米からの食品の輸入禁止措置である。これにより行き場を失った乳製品などが滞留し、需給が一気に悪化した。第二に中国の景気減速に伴う乳製品輸入の減少である。2015年1月から7月の中国の全粉乳輸入量合計は26万トンだったがこの数値は2014年の同期間のものと比較すると半分以下である。またバターについて同様の比較をすると3割減である。「とどめを刺したのはEUが1984年から続けてきた生乳の生産調整を2015年3月末で廃止したことだ。EUは生産の調整枠を年々拡大するなど段階的なステップを踏んで準備を進めたものの、完全な自由化で大型農家を中心に増産が加速。EU域内の生産量は4月から拡大を続け、価格を押し下げた」（同）。深刻化する生乳価格下落への臨時措置として、欧州委員会は2016年4月11日に、生産者組織による自主的な生産調整を決定した（同新聞2016年4月15日）。

(28) 追加性原則とは、加盟国が実施する政策に対してEUが提供する補助金は、加盟国自身の負担分に対する追加であるという原則である。したがってEUの負担分は総額の一定割合になる。この割合は加盟国の状況などに応じて変化する。

(29) 2007～13年MFFの地域政策は三つの政策目的によって対象地域を分類している。第一の目的は収斂（Convergence）である。その対象はGDPがEU平均の75％未満の地域で、地域政策予算の8割以上がこの地域に支出された。第二の目的は地域の競争力と雇用（Regional Competitiveness and Employment）で、収斂目的対象地域以外の全地域を対象とする。第三の目的は欧州領域的協力（European Territorial Cooperation）で国境隣接地域や、他地域との距離が150km以下の海沿いの地域を対象とする。豊（2010a）、表7－7を参照。

(30) Daugbjerg and Swinbank（2009）の書評として次のものがある。Akman（2010）、Anania（2010）、Kay（2010）、van Loon（2010）、豊（2011）。

(31) Daugbjerg and Swinbank（2009）は農業政策の基礎にあるパラダイムとして国家支援パラダイムと自由市場パラダイムを取り上げ、それらの背景にある考えをそれぞれ農業例外主義、農業規範主義と呼び二分法の分析を採用している。この分野の先行研究の一つ、Coleman, Grant, and Josling（2004, pp. 93-95）は次のように論じる。この分野の嚆矢、Coleman, Skogstad, and Atkinson（1996）がいくつかのOECD諸国の農政の基礎は国家支援パラダイムから自由市場パラダイムに移っていると論じたことを踏まえて、Josling（2002）はOECD諸国と一部の途上国に四つの競合的なパラダイムが存在していると指摘した。すなわち依存パラダイム、競争パラダイム、多面的機能パラダイムおよびグローバル化された生産のパラダイムである。前二者はそれぞれ国家支援パラダイムと自由市場パラダイムに対応する。多面的機能パラダイムは、農業と田舎の田園は不可分でありしかもある程度の政府支援がなければ過少生産に陥る非市場型財を農業は供給しているという信念に基づく。グローバル化された生産のパラダイムでは、農業をグローバルな食料サプライチェーンの中に位置づけ、農民は垂直的に統合された過程の中で農地と動物の管理の役割を担うものとみなされる。国家の支援がなければ農業は存続できないと考える依存パラダイムに対して、競争パラダイムはそれなしでも農業は存続可能と判断する。競争パラダイムを採用すれば農業競争力のない地域や国から農業が消滅するがそれでよいのかという視点を提供するのが多面的機能パラダイムである。依存パラダイムにせよ競争パラダイムにせよ、農業が第一次産業から第三次産業にまたがるグローバルな食品産業の一部になっているという側面を考慮しておらず、この側面に光を当てるのがグローバル化された生産のパラダイムである。このようにJosling (2002) は、Coleman, Skogstad, and Atkinson (1996) を踏まえて分析ツールを発展させており、農業保護に対する見方を考える上でDaugbjerg and Swinbank (2009) よりも示唆に富む論述を含む。

(32) WTOにおいて貿易歪曲効果という基準により価格支持が批判される一方で、直接支払いは容認されている。しかし直接支払いに貿易歪曲効果がないという主張に対して、それが事実上の輸出補助金として機能しているという批判がある。WTOにおいてダンピングは輸出国の国内価格を下回る価格での輸出を指すため、直接支払いを受給する先進国農家が生産費以下の価格で農産物を輸出してもダンピングと認められるとは限らない。その主な輸出先となっている途上国はこの種の輸出を偽装ダンピングとして批判している。またBerthelot (2003a) はこうした直接支払いの機能をデカップリング・トリックと呼び批判した。農産物貿易自由化の名目でウルグアイ・ラウンド以降実施されている改革が途上国の農業の発展を阻害しているという指摘はKoning (2003) にも見られる。

(33) 補助金のデカップル化が進められていることについて、それが輸出補助金として機能することに加えて、次のような点で途上国は不満を抱いている。すなわち、途上国は先進国よりも多くの農業人口を抱え、デカップルされた補助金を支給するだけの財政能力を持っていないため、デカップルされた補助金だけを認めるという措置は先進国に有利であると途上国は不満を抱いている (Josling, 2003, p. 14)。

第3章
共通農業政策の再国別化の進展

EU（European Union）の共通農業政策（Common Agricultural Policy: CAP）は1992年以降度々改革され、加盟国はCAPについて多くの裁量を手に入れた。この状況をGreer（2005, p. 208）は「カフェテリアCAP」と呼ぶ。メニューに書かれた多数の飲み物から自分が飲みたいものを選ぶように、EUが用意した多様な政策手段の中から加盟国が好みに合うものを選択するというわけである。この現状に鑑みればCAPは「共通政策というよりもむしろ、農業・農村開発分野での加盟国の行動と共同市場の維持との関係にかかわる、加盟国間の根本的な緊張について交渉を実施するための共通の枠組み」（Greer, 2005, p. 216）である。

本稿はGreer（2005）と同じくCAPの多様性を論じる。第Ⅰ節ではCAP創設の過程を描いた後、CAPの非共通部分が常に存在し近年それが拡大していることを指摘する。第Ⅱ節では、Greer（2005）では扱われなかったクロス・コンプライアンス（Cross Compliance）および農村開発政策、とりわけ農村開発のための欧州農業基金（European Agricultural Fund for Rural Development: EAFRD）を検討し、共同資金負担を財政連帯原則に関連づけてCAPの再国別化（renationalization）の進展について言及する。なおCAPの再国別化とは序で示したように、CAPに関わる意思決定、実施および資金負担のすべてまたは一部の権限が全面的または部分的にEUレベルから加盟国レベルに戻ることを意味する。

Ⅰ CAPはどの程度共通なのか

1　CAP誕生の過程[(1)]

CAPは欧州経済共同体（European Economic Community: EEC）を設立したローマ条約に由来するが、同条約の起草以前に欧州レベルでの農業政策の構想が存在していた。それは欧州農業共同体（または緑のプール）と呼ばれ、結局1954年に挫折するが、フランスとオランダを中心とする欧州諸国によって1950年から検討されていた。この構想の主導者の一人がオランダ農業大臣のマンスホルト（Sicco Mansholt）で、その要点を列挙すると、農業部門共同市場の設置、その内部での貿易制限の廃止および世界市場から独立した欧州価格の制定、域外に対する特恵制度、域内市場介入と構造政策の推進、農業の特殊性や地域格差への配慮などを挙げることができる。これらはスパーク報告[(2)]を経由して、ローマ条約の農業規定に継承された。

ローマ条約の農業規定は第38～47条にあり、第39条はCAPの五つの目的（農業生産性の向上、農村人口に対する公正な生活水準の確保、市場の安定、食料安全保障の保証、そして消費者への合理的価格の確保）を示す。これらを達成するために農業市場の共通組織を設立し、その運営資金のために一つまたは複数の農業の指導と保証の基金を設立できると第40条は述べている。しかしこれ以上に具体的なCAPに関する記述はローマ条約には存在しない。本節冒頭で「CAPはEECを設立したローマ条約に由来する」と記したが、CAPはローマ条約で約束された加盟国間会議とEEC委員会（以下、単に委員会とする）の提案に由来すると書く方が正確である。なぜなら同条約第43条では、加盟国が農業政策を比較するために会議を開催すること（第1項）およびこの会議の後、各加盟国の組織を第40条の農業市場の共通組織で置き換えることを含む、共通の農業政策の実施のための提案を委員会が行うこと（第2項）が規定されていたからである。実際、前者は1958年7月に開催されたストレーザ会議として、後者は1960年

6月に理事会に対してなされた委員会提案（COM（60）105, 30 June 1960）として実現した。

マンスホルトが主導したストレーザ会議の最終決議は多様な論点を含む。例えばCAPの市場・価格政策と構造政策の役割に関する文言によれば、欧州域内の農業生産費用格差が大きいという事実を踏まえて、市場価格は低生産性生産者に合わせるのではなく市場需給に見合った水準に設定して彼らに生産性向上を促すと同時に、条件不利地域や限界的経営に対しては直接援助を含む構造政策によって対応するとされた。したがって一定水準以上の生産性を伴う生産者には市場・価格政策を、それに満たない生産者には構造政策を適用することが共同市場誕生以前には想定されていた。[(3)]

1960年委員会提案にはCAPの根幹となる市場介入と国境調整措置（輸入課徴金と輸出払い戻し）とともに、品目別の具体的な市場規則が含まれた。農業市場組織は品目グループによって三つに区別される。第一に穀物、砂糖および乳製品のグループで、これらには指標価格と介入価格の決定および市場介入制度ならびに可変的輸入課徴金を中心とする国境調整制度が適用される。第二に牛肉、豚肉、家禽（かきん）肉および鶏卵のグループには主として国境調整によって市場支持が利用される（牛肉には関税、その他の肉には軽度の関税と可変的課徴金を用いる）。例外的状況が生じた場合には堰（せ）き止め価格を用いる。第三に、果実、野菜およびワインのグループには品質管理に基づく規格化産品の域内自由流通が行われ、域外には関税が利用される。

この提案の後、農業関連の最初の政策手段が1962年に実現した。すなわち六つの市場共通組織（穀物、豚肉、卵、鶏肉、果物・野菜、ワイン）の創設、欧州農業指導保証基金（European Agricultural Guidance and Guarantee Fund: EAGGF）の創設およびファイナンスに関する規則（Council Regulation（EEC）25, 4 April 1962）[(4)]の制定がなされた。1962年8月1日に移行期間が始まり、1967年7月1日に穀物、豚肉、卵、鶏肉および油糧種子の共同市場が成立し、1968年には果物と野菜を原料とする加工品、牛乳および牛肉の共同市場が成立した（Loyat et Petit, 2008, p. 12）。加盟国が農業政策の全権限を握っていた時代から、EECも権限を共有する時代に移っていく。

2 CAPの共通性と裁量——共通ルールの中での裁量

EU加盟国はCAPに関して三原則を共有している。それらは単一市場、共同体優先、財政連帯である。単一市場とは、域内農産物貿易に対する障害の除去と各農産物の域内共通価格の設定とを意味している。共同体優先とは、域内の市場安定と農業所得の維持のために域内市場を優先するという原則である。域外農産物が域内市場に混乱をもたらすことを防ぐための関税と可変的輸入課徴金の利用や、輸出払い戻しによる余剰農産物の輸出促進措置は、この原則に基づく。財政連帯とは、CAP運営の費用は加盟国ではなく共同体が負担するという原則[(5)]であり、このためにEAGGFが設置された。EUの基金で政策経費を賄う以上、拠出よりも受取りが多い加盟国もあれば、その逆の境遇に甘んじる加盟国もある。それゆえ財政連帯の原則は加盟国間の所得移転を内包するものであり、その意味で文字通り連帯の原則である（Loyat et Petit, 2008, p. 44）。

加盟国が三原則を共有するという意味でCAPは共通政策だが、これらは政策手段の具体的内容にまで言及していない。ではCAPの具体的実施に関してどの程度の共通性が存在していたのか。Hennis (2005) によれば、創設当初のCAPは欧州農業の多様性に対処するための条項を備えておらず、共通価格の設定にあたって農場ごとに異なる生産方法、生産量および生産性を考慮しなかった（p. 41）。その意味でCAPは加盟国に共通の枠組みを提供したと言えるが、政策運営の過程で加盟国間に差異が生じていた。例えばGrant（1997）が指摘するように、生産割当が採用される酪農部門において生乳は加工のために中央工場に集められそこで過剰生産が取り締まられるが、生産量を新規参入者などに対して割り当てるときその方

図3－1　CAPにおける加盟国の裁量

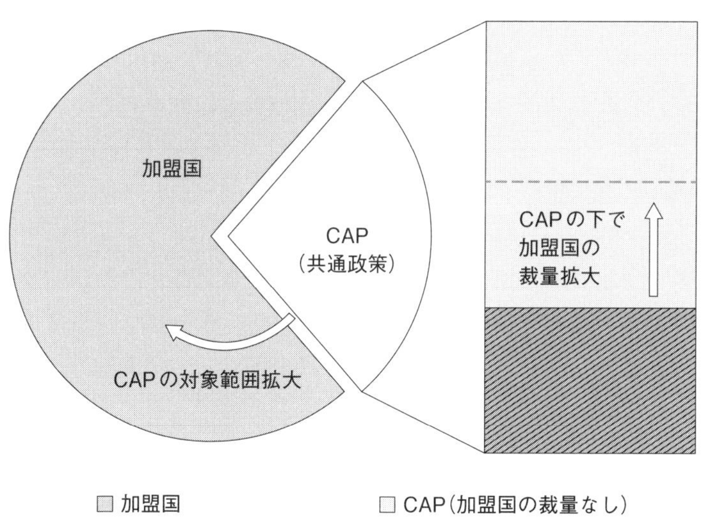

筆者作成。

法は加盟国政府に任される。そのため居住国によって割当量と割当方法に差が生まれる[(6)]（pp. 108-109）。したがって、加盟国とEECの権限分担という観点から初期CAPを検討すれば、各国の農政を欧州共通の政策に置き換える過程が進行すると同時に、共通の枠組みの中に実務上加盟国の裁量に依存する部分が残っていたと言える（図3－1を参照）。

しかも各国農政をCAPに置き換える過程は域内で均一に広がっていったわけではない（Hennis, 2005, pp. 40-46）。CAP創設にフランス、ドイツおよびオランダが強い発言力を持ち、CAPが欧州北部に有利な制度として出発したため、例えばオリーブ油などの南欧農産物は長期間にわたって市場・価格政策の対象ではなかった。またCAP創設時の構想とは異なり構造政策への資金配分が少なかった。それゆえ南欧農産物のための政策は行政と資金の両面で各国政府に依存していた。それとは対照的に主に欧州北部で生産された農産物（穀物、牛乳、牛肉など）にはCAP初期から価格支持が提供されたからこの地域の農場は、増産が収入増加をもたらすCAPの所得支持制度を通じて、規模を拡大させ資本集約度を高めていった[(7)]。共同市場が品目ごとに設立されていったため、各国が受け取るEECからの支援額はどの農産物を生産するかに左右された。

ここまでに述べたCAPの非共通性は、CAPの対象となっていても政策の実務段階で加盟国のアクターに対応を一任せざるをえないことから生じる差異、および生産する農産物がCAPの対象かそうでないかによる加盟国間の差異によって示される。これらとは対照的に、加盟国の政策立案の独自性を積極的に肯定する農村開発政策が近年重視されてきている。

加盟国が独自の政策手段の利用を増やすきっかけとなったのが、1980年代後半以降に顕在化した農業関連の環境問題だった（Greer, 2005, pp. 173-174）。各地で発生する環境問題には個別に対応するほかなく、加盟国はときには共通政策の範囲外で、ときには加盟国間で合意された共通ルール（例えば規則）の範囲内で問題解決にあたった。共通ルール下で加盟国が独自の手段を採用するというアプローチは、構造政策の流れを汲む農村開発政策に継承された。この政策枠組みは加盟国すべてに共通し、その中で加盟国政府が補助金の支払い水準や受給資格などに関して決定権限を有することが定められている。加盟国の裁量という特徴を備えている農村開発政策の一手段として1992年に誕生したLEADER（Liaison entre Actions de Développement de l'Economie Rurale）がある。その目的は農村経済の発展をもたらす諸活動を結びつけることである。第一期（LEADER Ⅰ、1992～94年）、第二期（LEADER Ⅱ、1994～99年）そして第三期（LEADER+、2000～06年）を経て、LEADERは2007～13年の多年度財政枠組み（Multiannual Financial Framework: MFF）において農村開発政策の機軸の一つを構成し、2014年に始まるMFFでもそのアプローチは重視されている[(8)]。LEADERが誕生して以来一貫してその骨子となっているのが、各地域で形成された地域活動団体（Local Action Group: LAG）によるボトムアップ型の活動である。LEADER対象地域の居住者や自治体職員など当該地域に関与する主体がLAGを構成し、それが発展のための事業を運営するという意味でのボトムアップである。予算規模の小さなコミュニティ・イニシアティブ[(9)]の一つとして始まったLEADERは、農村開発政策の機軸の一つに数えられるまでに成長した。この事実は、農村開発政策というEU共通の枠組みの中でボトムアップ型の手法を用いて加盟国・地域の独自性を活かすというアプローチの適用範囲が拡大してきていることを示している。

EUの共通ルールの下で加盟国が裁量を発揮するという手法が尊重される理由は二つある。第一に地域ごとに農業と農村の構造が異なるという極めて単純な理由であり、第二に多様な政策手段の容認が競争の歪曲を誘発しないために共通ルールの設定が必要だという理由である。第一の理由について、農業と農村の地域間の差異は昔から存在しているが、それへのEUレベルでの対処がある時期から重視されるようになった理由として、1990年代から農産物貿易交渉で農業と農村の多面的機能[(10)]が強調されたことと、中東欧諸国のEU加盟が挙げられる。設立当初のCAPは品目別共同市場と国境管理で構成され、構造政策にはほとんど予算が配分されなかったため、地域ごとの政策手段に配慮することはなかった。しかしEUが多面的機能を強調したことにより農村構造を政策対象にせざるをえず、また多面的機能を確保するには農村社会の維持存続が不可欠なため、各農村の個別事情を考慮する必要が生まれた。EUの東方拡大によって域内の農村の多様性が増したことはこの必要性を高めた。個別事情に配慮して政策を運営するならば、各加盟国・地域で採用される政策手段は一様ではなくなるが、それにもかかわらず公平な競争条件が維持されるような枠組みをEUレベルで提供しなければ、もはやCAPは共通政策ではなくなる。それゆえ加盟国の裁量を認める政策手段はEU共通ルールという制約の中で定められる（Greer, 2005, p. 214）。

Ⅱ 再国別化と財政連帯原則

1 CAPの第一の柱(市場・価格政策)における再国別化

CAP第一の柱の中心は直接支払いである。直接支払いに対するクロス・コンプライアンスは、農地利用や農産物生産に関するルールの遵守と引き替えに直接支払いを支給することを指し[(11)]、2003年に義務化された。クロス・コンプライアンスの目的は第一に持続可能な農業の発展であり、第二に社会の期待に沿う形でのCAPの運営である[(12)]。クロス・コンプライアンスの義務化は、なぜ農業者は補助金をもらえるのかという非農業者が抱く疑問に関係がある。農業者は農業を社会にとって望ましい形で存続させるための仕事を担うべきであり、それを担った対価として補助金を受領できるという考えに基づき、農業者は直接支払いを得ると同時に義務を果たすことになった。

2007～13年のMFFにおいて2009年のヘルスチェック改革以後のクロス・コンプライアンスは規則73/2009に規定されている[(13)]。直接支払いを受給する農業者は法定管理要件(Statutory Management Requirements: SMR)および良好な農業・環境条件(Good Agricultural and Environmental Conditions: GAEC)を尊重しなくてはならない。前者は同規則第5条と付属文書2で、後者は同規則第6条と付属文書3で規定されている。これらに反した農業者は補助金の一部または全額を受給できない[(14)]。

SMRはEUの立法(主に指令)に基づき、公衆衛生および動植物の健康衛生、環境ならびに動物の福祉という3分野に関わる。それが指令に基づく場合、加盟国法の整備により効力が生じる。それに対してGAECは牧草地の恒久的維持など、農地(生産に使われていない農地を含む)を良好な農業・環境条件に沿って維持することを目的としている。その特徴は加盟国が、当該地域に特有な土壌や気候、現行の農業制度などに配慮しながら、規則73/2009付属文書3に基づいてGAECを国または地域レベルで定義することにある。

SMRとGAECを比較すると、規制の対象分野が異なることに加えて、誰が規制の内容を策定するかも異なることに気づく。例えば英国環境食料農村地域省(Department for Environment, Food and Rural Affairs: DEFRA)の言葉を借りれば[15]、SMRはEUの規則と指令に基づくのに対して、GAECは英国とイングランド[16]の法律に基づくと記されており、後者に関して加盟国と地域に裁量が与えられていることがわかる。ただし直接支払いの財源は基本的にはEU財政である[17]ため、自国財源を用いて直接支払いを増額するという裁量はクロス・コンプライアンスに関しては加盟国に与えられていない。したがって第一の柱の中心である直接支払いに対するクロス・コンプライアンスは、資金面で加盟国の裁量を拡大してはいないものの、規制内容の決定に関しては加盟国の裁量拡大を生み出していると言える[18]。

2　CAPの第二の柱(農村開発政策)における再国別化

2005年、EAGGFに代わるCAP基金として、第一の柱の欧州農業保証基金(European Agricultural Guarantee Fund: EAGF[19])と第二の柱のEAFRDが規則1290/2005によって創設され、後者の詳細が規則1698/2005で定められた。これ以前、農村開発を目的とした複数の政策の財源がEAGGFと構造基金に存在したが、EAFRDの創設により農村開発政策は独自の基金を持つことになった。これはCAP支出に占める農村開発政策向け支出の増加をもたらし（図3-2を参照)、農村開発政策の地位向上を象徴している[20]。

EAFRDの枠組みにおいて四つの機軸で構成される農村開発政策(表3-1を参照）が加盟国の判断に依存していることは、松田（2010、p. 70）に示された元農業担当欧州委員フィシュラーの発言から一目瞭然である。「四つの政策機軸について、欧州委員会が最低限の予算配分を決めただけで、それ以外のことは加盟国に全部任せているということは、ボトムアップアプローチの必要性を示している。欧州全体で構造や経済発展の度合いが非常に多様なため、中央集権的な計画はできない。……政策効果について

図3－2　農村開発政策向け支出の推移

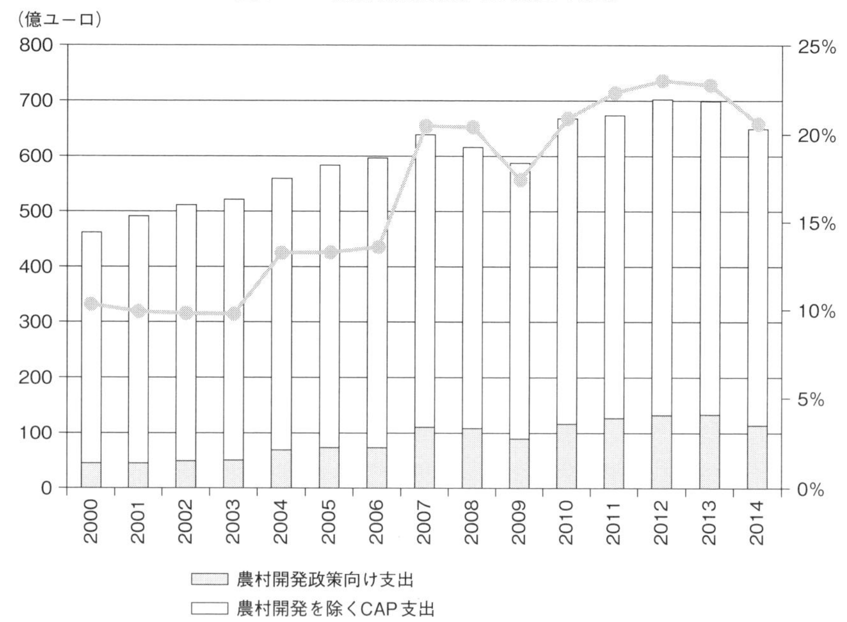

出典：欧州委員会が毎年公表する*EU Budget Financial Report*に基づいて筆者作成。2000～06年の数値については*EU Budget 2010 Financial Report*のAnnex1を、2007～10年については同じく2010年版のAnnex2を、2011～13年については2013年版のAnnex2を、2014年については2014年版のAnnex2を利用した。2007年以降のCAP支出は項目番号201「市場関連支出と直接支払い」と項目番号202「農村開発」の支出額の合計値。なお*EU Budget Financial Report*はEU Bookshop（https://bookshop.europa.eu/en/home/）で閲覧可能。

も、それぞれの地域が欧州委員会に提出する報告書の中で、自分たちが選択した施策で何が達成されたかを評価することになる」。

農村開発政策における資金負担を見ると、必要資金は加盟国財源とEAFRDによって共同負担される。共同資金負担（co-financing）の源流は構造政策における追加性の原則（構造政策の目的を実現するために供されるEU資金は加盟国資金の代替ではなく追加であるという原則）にある。

表3－1　農村開発政策の四つの機軸（2007～2013年MFF）

①農業と林業の競争力改善 →産業が対象	欧州の農業・林業・食品加工業には、高品質で付加価値のある製品をこれまで以上に展開する潜在能力がある。第一の機軸は力強くダイナミックな欧州の農産物食品部門に貢献する。その際に焦点は、知識移転、近代化、イノベーションおよび品質という優先順位の高い項目ならびに優先されるべき部門での物的人的投資に当てられる。
②環境と農村空間の改善 →自然が対象	EU農村地域の天然資源と風景を保護しその質を高めるため、第二の機軸はEUレベルで優先順位の高い次の三つの分野に貢献する。第一に生物多様性ならびに高度な自然的価値を持つ農業林業システムおよび伝統的な農業風景の保全・発展、第二に水、第三に気候変動である。
③農村地域の生活の質と農村経済の多様化 →農村居住者が対象	第三の機軸は、農村経済における多様性および農村地域における生活の質に関わり、雇用機会を生み出し成長のための条件を整えるという優先事項に貢献する。第三の機軸の政策手段の目的は当該地域の戦略的発展のために、とりわけ能力向上、技能獲得および組織化を促進することであり、それと同時に将来世代のために農村地域の魅力の維持を支援することである。
④LEADER →第一から第三の機軸を横断もしくは統合するアプローチ	第四の機軸はこれまでのLEADER事業の経験を基礎とし、農村開発に対するボトムアップ型のアプローチの利用を通じて、新奇性のあるガバナンスを導入する。LEADERは、三つの機軸（特に第三の機軸）の優先事項に貢献するだけではなく、農村地域におけるガバナンスを改善すると同時に内発的発展の潜在能力を結集するという横断的な優先事項を実現する上でも重要な役割を果たす。

出典：決定2006/144/ECより筆者作成。

EAFRDの負担割合を定めた規則1698/2005第70条によれば、第一と第三の機軸に関してEAFRDの負担上限は50%（収斂目的対象地域[21]については75%)、第二と第四の機軸については55%（同80%）である。したがって、近年の改革過程でCAPが農村開発政策への資金配分を増やしてきたことにより、加盟国がEU財政を経由せずに自国の農村開発政策のために支出する資金も増えてきたことになる。この事実がCAPの財政連帯原則と相容れないことは明白である。農村開発政策の重視が財政連帯原則からの逸脱を意味する以上、近年のCAPでは資金負担面での再国別化も進行していると言える[22]。

Ⅲ おわりに――財政連帯原則の終焉？

CAPはブリュッセルで策定されEU全土で画一的に適用されるという考えは誤解である（Greer, 2005, p. 3）。共通政策であるCAPから加盟国の裁量が消えたことはなかった。それどころか、近年では農村開発政策において加盟国・地域のボトムアップ型政策運営が積極的に活用され、EAFRD創設以降EUを経由しない加盟国資金がそれまで以上に農村開発政策に投入されるようになった。農村開発政策の重視に伴う財政連帯原則からの逸脱という現象を敷衍して考えれば、小規模ながらも加盟国間の所得移転機能を果たしていたCAPがその機能を縮小しつつあると言える。金融危機によりEU財政の統合が声高に叫ばれているのとは対照的に、ある国の政策に必要な資金はその国で調達するという思考にCAPは戻ろうとしているのかもしれない。

注

（1）是永（1994b）を参照。

（2）1955年のメッシーナ会議で原加盟6カ国が共同市場設立に合意した後、その構想を具体化するためのスパーク委員会が設置された。翌年に公表されたスパーク報告がローマ条約につながった。同報告は農業部門の統合に関して農業の特殊性（例えば家族経営農業の社会的側面の重要性、変動しやすい生産と非弾力的な需要、生産性・生産費・価格の国別地域別格差など）を考慮すべきであると指摘していた。

（3）現実には高価格国の支持価格引き下げが政治的に困難なため、概して域内価格は委員会提案の水準を上回った。例えば穀物の場合、低価格国フランスには国内価格の15％引き上げ、高価格国ドイツには11％引き下げという水準に域内価格が設定された。これは欧州全体で見れば過剰生産を誘発するほどの高価格だった。この価格設定で農家所得支援の色彩が強まったため、構造政策の推進力は弱まった（是永、1994b、p. 40）。

（4）この規則の第1条でEAGGFの設立が、第2条2項でCAPに関する資金は共同体が提供し、輸出払い戻しおよび市場安定化のための介入に加えて、ローマ条約第39条1項の目的を達成するために採用される共通の手段（構造政策関連手段を含む）にかかる費用はEAGGFの資金で賄われることが規定された。

（5）加盟国が財政連帯原則から離れて資金面での裁量を発揮したいときには、ローマ条約第92～94条（EU機能条約第107～109条）に定められた国家援助（state aid）が利用される。これに基づいて実施された加盟国独自の農業政策の一例が1990年代前半の狂牛病対策である（Greer, 2005, p. 172）。

（6）牛乳の生産割当に関する加盟国間の差異についてGreer（2005, p. 176）は、オランダと英国では割当を売買できフランスやアイルランドでも商業目的でなければ割当の移転は発生しえると指摘している。

（7）主に欧州北部に存在する資本集約度の高い農場は食品加工業者にとって格好のパートナーであり、両者の連携はそうした農場における最新の技術と高品質資本財の導入を促進した。それがさらなる資本集約度向上を導き、小規模で資本集約度の低い農場との格差はさらに広がることになった（Hennis, 2005, p. 43）。

（8）欧州委員会は、LEADERで採用された手法が効果を上げたために農村だけではなく都市や沿岸地域でも注目を集めていると評価し、それゆえその手法を農村開発以外の分野にも2014～20年のMFFから適用している。すなわち共同体主導型地域開発（Community-Led Local Development: CLLD）と名付けられたEUの支援策が創設され、農村開発を実現する手段としてのLEADERはその一つとなった。LEADER型開発の原資として従来のEAFRDに加えて2007～13年MFFから欧州漁業基金（2014年からは欧州海洋漁業基金）も利用可能となっていたが、CLLDの下では欧州地域開発基金と欧州社会基金も利用可能となった。CLLDのサイト（http://enrd.ec.europa.eu/en/themes/clld）を参照。

（9）コミュニティ・イニシアティブとは、欧州委員会が加盟国政府を介さずに意思決定できる政策手段である。

（10）多面的機能という言葉が公式の場で初めて使用されたのは、1992年の経済協力開発機構（Organisation for Economic Co-operation and Development: OECD）農相会合でのことである（経済協力開発機構, 2001, p. i）。なお多面的機能とは、農林水産省（http://www.maff.go.jp/j/nousin/noukan/nougyo_kinou/）によれば「国土の保全、水源の涵養、自然環境の保全、良好な景観の形成、文化の伝承等、農村で農業生産活動が行われることにより生ずる、食料その他の農産物の供給の機能以外の多面にわたる機能」を指す。

(11) クロス・コンプライアンスは市場・価格政策を対象とした措置だったが、2005年以降、農村開発政策の第二の機軸（表3－1を参照）に属する直接支払いの一部もクロス・コンプライアンスの対象になった。規則1698/2005の第36条と第51条を参照。

(12) 欧州委員会が欧州農業の継続のためにクロス・コンプライアンスは必要であると力説しても、それへの批判は存在している。批判の源泉は、クロス・コンプライアンスの実施に係る行政費用、違反をチェックする際の技術的問題、農家に課された膨大な事務作業などである（松田、2010、pp. 63-67）。

(13) 2009年改革によるクロス・コンプライアンスの改正について、松田（2010、p. 63）を参照。

(14) European Commission（2007, p. 4）によれば、加盟国は毎年クロス・コンプライアンスのために農業人口の少なくとも1%に対して査察を実施しなくてはならない。24万898件の査察が2005年に実施され、その対象者の11.9%が受給額を減額された。2004年の東方拡大でEUに加盟した10カ国（EU10）の農業者がGAECだけを守ればクロス・コンプライアンス対象補助金を受給できるのに対して、その時点で既に加盟していたEU15ではGAECもSMRも遵守しなくてはそれを受給できず、減額された受給者の割合が高かった（EU10の6.1%に対してEU15では16.4%）。減額合計は直接支払い総額の0.03%（984万ユーロ）だった。

(15) http://www.defra.gov.uk/food-farm/farm-manage/cross-compliance/（2011年10月1日アクセス）

(16) 北アイルランド、スコットランドおよびウェールズでは英国とそれぞれの法律に基づいてGAECが実施される。なおDEFRAが担当するのは英国の国際農業交渉とイングランドの農政であり、上記3地域の農政はそれぞれの農業担当省庁が責任を負う。

(17) 表2－2からわかるように、EU15の直接支払い総額に占める加盟国直接支払いの割合は1割に満たない。対照的にEU10の加盟国負担額が大きいのは、直接支払いのEU負担分の算出法がEU15とEU10で異なり（後者の方が少額になる）、その補償措置としてEU10は自国財源による直接支払いの増額が認められているからである。なおEU10は2013年から、ブルガリアとルーマニアは2016年から、EU15と同基準で直接支払いを受給する。

(18) クロス・コンプライアンスへの評価として例えばBougherara and Latruffe（2010）は、フランスのクロス・コンプライアンスを分析し、集約的生産農家にとって直接支払いをもらうためにGAECを遵守して休耕するよりも生産を継続した方が儲かるからこの措置による休耕地増大は考えにくいと結論付けている。

Bezlepkina, Jongeneel, and Karaczu（2008）はポーランドのクロス・コンプライアンスを分析し、それの実施の困難さを指摘する。SMRの遵守に投資が不可欠だが、農場の現状と必要な投資を把握し、資金を工面して投資した後、実務上問題なくSMRを遵守するという一連の過程を完了させることは容易ではない。

(19) EAGFを財源とする政策手段は農産物の輸出払い戻し、農業市場への介入および直接支払いの三つである（規則1290/2005第3条）。

(20) 農村が対象となるEUの政策として農村開発政策とともに地域政策が存在する。地域政策総局が2007年5月に公表した*Forth Report on Economic and Social Cohesion*は、EAFRDから資金供与を受けた政策手段は、新たに職を生み出すことより雇用を維持することに効果的であり、また非農業部門よりも農業部門に対して効果的であると述べ（p. 169)、同じく2010年11月公表の*Fifth Report on Economic, Social and Territorial Cohesion*は、EAFRD予算の13%を配分される農村開発政策の第三の機軸（農村地域の生活の質と農村経済の多様化）のおかげで32万の職が新たに創出され、そのうち24万以上が収斂目的地域（第2章注29を参照）で生み出されるだろうと記した（p. 192)。

(21) 第2章注29を参照。

(22) 東方拡大をきっかけとして、ドイツに加えてフランスと英国までもがEUと加盟国の共同資金負担の拡大を支持しつつあるため、財政連帯原則からの逸脱もしくはCAP財政の縮小に向けた動きが強まった（豊、2010b、第Ⅲ節)。

第4章 小規模農家の欧州統合からの排除

新自由主義的欧州の建設過程をテーマとした著作、Denord et Schwartz (2009)（原題日本語訳『社会的欧州は誕生しないだろう』）は、「日本語訳への序文」の中で「冷戦終結後の新自由主義的ヨーロッパは、60年ほど前に『創設の父たち』が切り開いた道から逸脱しているのではない・・・むしろその道をまっすぐ突き進んでいる」（邦訳p. 13）と記している。

内田・棚池・嶋田・前田（2007）の中で前田啓一氏は、EU（European Union）のアフリカ・カリブ海・太平洋諸国（African, Caribbean and Pacific countries: ACP)[(1)] 向け政策を見るに、画期的な精神を伴っていたロメ協定はコトヌー協定という自由貿易協定に置き換えられ、EUはアメリカ資本主義の追随者になってしまったとの見解を表明している。嶋田巧氏はこれに賛成した上で、欧州統合がアメリカナイゼーションあるいは新自由主義に沿った流れに対する防波堤になるかという問いに対して、EUが防波堤になる面が全くないわけではないが、むしろそれを自ら推進していくという方向に緩やかとはいえはっきりと立場を移しつつある（p. 113）との答えを示している。その一例がEUの共通農業政策（Common Agricultural Policy: CAP）の転換で、その中身は新自由主義時代の理念を背景にした、欧州統合における農業の切り捨てである（p. 108）と嶋田氏は主張している。

本章の目的は、EUが2007～13年の多年度財政枠組み（Multiannual Financial Framework: MFF）において農業の切り捨てをどのような形で実施したのかを明らかにすることを通じて嶋田氏の主張に同調することである。もちろん同期間において毎年500～600億ユーロがCAPに費やされ（図4－1を参照）、その上加盟国も農業補助金を支出している以上、EUの

図4－1　CAP支出の推移（2011年価格）

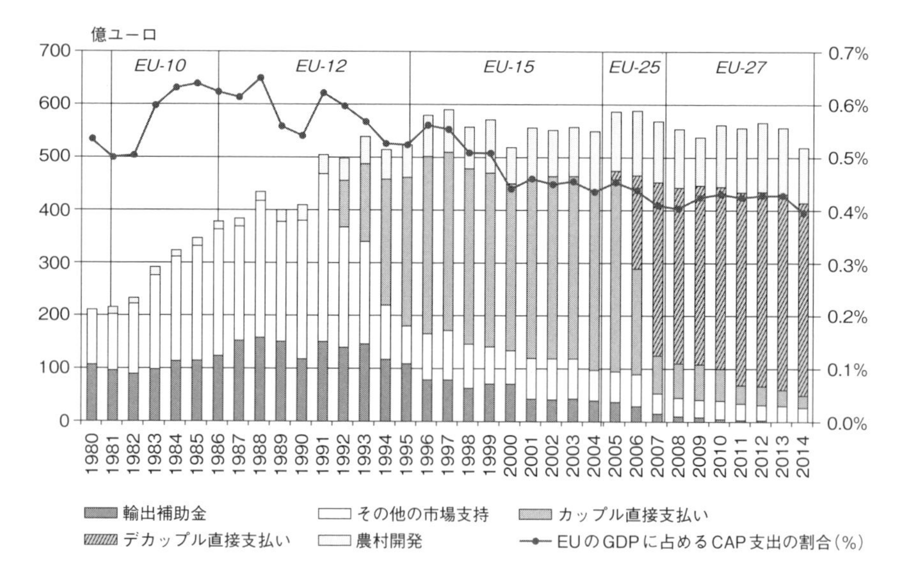

出典：http://ec.europa.eu/agriculture/cap-post-2013/graphs/graph2_en.pdf

農業切り捨てが全面的に進行しているとまでは言えない。しかし中小規模の営農が果たしている役割を高く評価すると欧州委員会農業担当委員が表明しているにもかかわらず、実際には規模の小さな経営体ほどCAPの支援にアクセスすることが難しくなるような改革が進められてきた[(2)]ことから、それはすでに始まっていると言える。

CAPは二つの柱から構成され、第一の柱は欧州農業保証基金（European Agricultural Guarantee Fund: EAGF）を利用する市場・価格政策を、第二の柱は農村開発のための欧州農業基金（European Agricultural Fund for Rural Development: EAFRD）を利用する農村開発政策を意味する。2014年からEUは新たなMFFに入ったが、2014年末（2013年末ではない）までは第一の柱の中核を成す直接支払いは規則73/2009に基づいて実施された[(3)]。第Ⅰ節では同規則の内容の確認を通じて、直接支払いが大規模経営体に有利な補助金制度に変わってきていることを示す。第Ⅱ節では、規則1698/2005に基づく2013年末までの農村開発政策の内容を明らかにし、これもまた規模が小さな農家ほど利用しづらい農業支援策であると論じる。第Ⅲ節ではユーロスタットのデータを用いて、EUがその統合過程への小規模農家の包摂を放棄しはじめたという意味で欧州統合における農業の切り捨てが進行しつつあることを示して結論とする。

Ⅰ 2008年CAP改革以降の直接支払いと小規模農家

2008年CAP改革（いわゆるヘルスチェック改革）によって第一の柱を定める規則は改められ、2009年から第一の柱の補助金は規則73/2009に基づいて支出されることになった。本節ではその内容を、農場の経営規模と補助金額との関係という論点に限定して確認する。この作業を通じて、ある年の生産量とその年の補助金額とのリンクの断絶（いわゆるデカップル）が2005年以降直接支払いに適用されその範囲を広げる一方（図4-1を参照）、営農規模（例えば保有農地面積）が大きい経営体ほど多額の補助金を支給されるという事実を浮かび上がらせる。なお本節の記述は特に断らない限り規則73/2009に基づく。

1 直接支払いの額の算出方法

第一の柱の根幹は直接支払いと呼ばれる、農業者に直接支給されるCAP補助金で（表4-1を参照）、その一覧は規則73/2009（第2条d、付属文書Ⅰ）に示されている。それは次の3種類に分類できる。第一に単一支払い(Single Payment: 表4-1の0101の補助金)、第二に2004年または2007年にEUに加盟した新規加盟国[(4)]が採用できる単一面積支払い（Single Area Payment: 同0102）などの直接支払い、そして第三にその他の直接支払いである。

より正確にヘルスチェック後の直接支払いについて述べる。新規加盟国

表4－1　2012～14年の直接支払い（単位：100万ユーロ）

項目	番号	2012年	2013年	2014年
デカップル直接援助				
単一支払い	0101	31,081	31,393	30,834
単一面積支払い	0102	5,916	6,681	7,366
分離された砂糖支払い	0103	281	280	274
分離された果実野菜支払い	0104	12	12	12
デカップル型第68条措置	0105	377	463	457
分離された柔らかい果実支払い	0106	なし	11	11
その他（デカップル型直接援助）	0199	－1	0	－4
デカップル直接援助小計		37,665	38,842	38,952
その他の直接援助				
繁殖雌牛奨励金	0206	934	921	899
追加的繁殖雌牛奨励金	0207	50	49	47
羊山羊奨励金	0213	22	21	22
補足的羊山羊奨励金	0214	7	7	7
蚕（かいこ）のための援助	0228	0	0	0
特殊な形態の農業と高品質生産のための支払い	0236	114	1	なし
甜菜（てんさい）とサトウキビ生産者のための追加的支払い	0239	23	21	なし
綿花のための面積当たり援助	0240	246	242	232
移行期間中の果実野菜支払い（トマトを除く）	0242	35	34	なし
カップル型第68条措置	0244	786	1,047	1,062
POSEI（EU支援プログラム）	0250	411	458	410
POSEI（エーゲ海）	0252	18	16	16
その他（直接援助）	0299	569	－2	12
その他の直接援助小計		3,214	2,816	2,708
援助の追加		1	0	0
農業部門の危機のための留保		なし	なし	なし
総合計		40,880	41,658	41,660

出典：Definitive Adoption of the European Union's General Budgetより筆者作成（2012年の値について*OJ L*51, 20 Feb 2014, pp. II271-272、2013年について*OJ L*69, 13 Mar 2015, pp. 604-605、2014年について*OJ L*48, 24 Feb 2016, pp. 630-631）。

注：四捨五入により合計が一致しない場合がある。「なし」は計上されていないことを、0は0.5未満であることを示す。

も既存加盟国と同様に単一支払いを実施することができ、クロアチア、スロベニアおよびマルタは実際にそうしている。しかしそれを新規加盟国が実施するには、営農に関する情報の蓄積など難しい条件が課される。そのため新規加盟国は移行期間を与えられ、その期間中には既存加盟国が利用できる直接支払いを利用しないこと条件に、簡素化された直接支払いすなわち単一面積支払いを採用できる。ただしそれを採用する新規加盟国がそれ以外の直接支払いを利用することも一部認められている（表4－1の0103、0104、0105、0106、0242、0244は利用可能[(5)]）。

（1）単一支払いについて

表4－1が示すように、金額を基準とすれば直接支払いの中心に位置づけられるものは単一支払いである。農業者がそれを受給するには、その対象となる農地[(6)]を保有し単一支払いの受給を申請しなくてはならない[(7)]が、農産物を生産する必要はない。各申請者に1ヘクタール当たり何ユーロの受給権が与えられるかについての算出方法は3種類あり、どれを採用するかは加盟国が決定できる[(8)]。

第一の方法すなわち歴史（historical）モデルは、各申請者が過去に受け取った補助金額に基づく算出方法である。ヘルスチェック改革（2008年）後の単一支払いは2003年CAP改革時に採用された単一支払いを継承しているが、後者（規則1782/2003に基づく）では2000～02年の3年間に受け取った補助金額を基準として単一支払いの額が決められた。当時のCAPではデカップルが進んでおらず生産量が多いほどより多額の補助金をもらえたため、歴史モデルによって単一支払い額を算出すると大規模に営農するほど多くの補助金を得られるという傾向が残る。

第二の方法すなわち地域（regional）モデルは、ある地域（例えば国全体という一地域）で支給される単一支払いの総額を単一支払いの受給対象となる農地面積（ヘクタール）で除すという方法である。歴史モデルでは生産する農産物の相違が原因で1ヘクタール当たりの補助金額が申請者ごとに異なるのに対して、地域モデルではそれが地域内では一定となる。保有農地面積が広いほどより多くの単一支払いを受給できるという傾向を伴うことは、歴史モデルと地域モデルの共通点である。

第三の方法すなわち歴史モデルと地域モデルを併用する混合（hybrid）モデルは、歴史モデルの度合いを強めて各申請者のこれまでの受給額に近い額を支払う静態的（static）モデルと、地域モデルに従う部分を増やして地域内の差異を抑制する動態的（dynamic）モデルの二つに分類できる。

ここに示した3種類[9]の算出方法のどれを利用する場合にも、より大規模に営農する経営体ほどより多くの単一支払いを受け取るという基調が存在している。

（2）単一面積支払いについて[10]

単一支払いに次いで支出額の多い直接支払いは単一面積支払いである。すでに述べたように、これは移行期間中に限って新規加盟国のみが採用可能な、簡素化された直接支払いである。単一支払い制度が適用される場合、ある農地がどのように利用されてきた（されている）かに基づいて受給権と1ヘクタール当たりの単一支払い額が設定される。しかし新規加盟国がそうした営農関連データを揃えているとは限らないため、暫定的な直接支払い制度すなわち単一面積支払い制度が設置された。

1ヘクタール当たりの単一面積支払いの額を算出する方法は、各新規加盟国に毎年割り当てられる直接支払い総額の上限額を、それぞれの国で利用されている農地面積で割るという簡便なものである。この方法によればより広く農地を保有する経営体に単一面積支払いが集中することになる。

（3）単一支払いと単一面積支払い以外の直接支払いについて

表4-1に掲載された直接支払いでここまで言及していないもののうち、「その他の直接援助」に含まれているものは、POSEI[11]（表4-1の0250と0252）と「特殊な形態の農業と高品質生産のための支払い（0236）[12]」を除

き、規模に比例して支給額が増加するという特徴を持つ。例えば「その他の直接援助」の中で2013年と2014年に最も金額の大きい「カップル型第68条措置（0244）」は、カップル型という名称が示すとおり生産増加に応じて直接支払い額は増加する。それに次ぐ金額を計上している「繁殖雌牛奨励金（0206）」は1頭当たり200ユーロが支給され、規模に比例的な直接支払いである（規則73/2009第111条）。「綿花のための面積当たり援助（0240）」は面積に比例して補助金が支出される（同第89条）。

（4）モデュレーションについて

約400億ユーロの直接支払い総額のうち380億ユーロ程度が単一支払いと単一面積支払いに割り当てられ（表4－1）、それらは規模が大きな農場により多く支払われるため、第一の柱の補助金は経営規模に比例的に支払われる傾向があるということをここまでに示した。

これに対して、直接支払いにはモデュレーション（すなわち直接支払いの高額受給主体に対する減額措置）が適用されるから、上記の傾向は近年弱まっているのではないかという指摘がなされるだろう[(13)]。モデュレーションにより5,000ユーロと30万ユーロを閾値として直接支払いの減額が実施され、例えば2012年であればすべての直接支払い申請者の受給額が同一の基準で算出された後、5,000ユーロを上回るそれは10％、30万ユーロを上回るそれは14％減額される。つまり5,000ユーロと30万ユーロを境界として直接支払い額は三つのグループに分けられ、各グループ内では直接支払いの額は経営規模に比例的に算出されるが、グループ間では比例関係は消滅し、より高額を受け取るグループへの減額措置は強められる。

2　直接支払いの受給条件

経営規模が小さくなれば直接支払い受給額が減少することをすでに示したが、今から論じることは、マクシャリー改革以降のCAP改革[(14)]の際に導入された直接支払い受給条件が原因で、十分な営農基盤を整えていない農家にとって直接支払いの申請が困難（場合によっては不可能）になる場合があり、それゆえ第一の柱においてそうした農家はより不利な地位に置かれているということである。この種の条件として挙げられるのが、クロス・コンプライアンス、統合された行政・統制制度（Integrated Administration and Control System: IACS)、そして最小規模要件である。

（1）クロス・コンプライアンス

クロス・コンプライアンス[15]とは、農地利用や農産物生産に関するルールを守らない農業者が直接支払いの全額または一部を受け取れなくなる制度で、1999年に導入され2003年のCAP改革で義務化された。これにより営農方法は特定の方向に誘導されることになる。その方向とは持続可能で環境に優しい農業であり、土壌浸食や水質汚染を回避し、動物の福祉に配慮した農法を採用することを農業者は迫られることになる。

クロス・コンプライアンスは直接支払いを申請する上で大きな負担かという論点について見解が二つに分かれている[16]。それは負担ではないという立場によると、クロス・コンプライアンスはEUにすでに存在した法律で構成されているため、その導入以前から厳密に法律を守っていた農業者に対する追加負担を生み出していない。また一定の補助金を受け取る以上、何らかの制約を課されることは当然であり、農業所得のかなりの部分が補助金で占められている場合、クロス・コンプライアンスを拒否するという選択肢はないという考えも存在している。

他方、クロス・コンプライアンスが一部の経営体にとって大きな負担であり、それが原因で直接支払いの受給を断念する場合があるとの指摘も存在する。それによれば、とりわけ新規加盟国の貧弱な生産基盤しか持たない農業者にとってEU加盟後に導入された新しい法律はなじみのないものであるため、彼らが自身の農場の状態を把握し、クロス・コンプライアンスの遵守に必要な投資に関する情報を集め、資金を工面し、投資を実施した後で実務上問題なくそれを遵守できるようになるまでにかなりの時間を要する。クロス・コンプライアンスの遵守のために新たな投資が必要であるにもかかわらず必要資金の入手が困難な経営体にとってそれは大きな負担であり、規模が小さければこうした状態に陥りやすい。

（2）IACS

IACS[17]は直接支払いの実施のために加盟国が立ち上げるデータベースで、これに登録されていない経営体は直接支払いの対象外となる。IACSを構成する要素は六つあり、電子化されたデータベース、農業用地を識別する制度、受給権の識別および登録の制度、援助申請、統合された統制[18]の制度ならびに援助申請した各農業者の身元を記録するための単一の制度である。受け取る直接支払いの額が小さい直接支払い受給者にとって、IACSへの登録に必要な事務作業が生み出すコストは過剰であると感じられる場合がある。

（3）最小規模要件（規則73/2009第28条）

IACSは補助金の申請者にとってだけではなく行政にとっても負担となっており、特に多数の小規模農家を抱える加盟国では、IACS運営の行政コストは大きくなる。また直接支払いが申請された場合、加盟国は申請者のクロス・コンプライアンス遵守を確認しなくてはならないため、小規模農家が多い加盟国ではクロス・コンプライアンスの統制のコストが膨らんでしまう。この種の煩雑さを回避するために2008年のヘルスチェック改革以降の直接支払いでは最小規模要件が設けられ、直接支払いの受給額が100ユーロに達しない経営体および直接支払いの対象となる農地を1ヘクタール未満しか保有していない経営体には直接支払いを支給しないという決定を加盟国は下すことができるようになった。ただし100ユーロおよび1ヘクタールという数値は変更可能[19]で、表4－2に示した数値を限界値として、加盟国はどのような規模の経営体に直接支払いを支給しないかを決定できる[20]。

表4－2　直接支払いの最小規模要件の閾値の限界

加盟国			最小規模要件の閾値の限界	
			ユーロ	ヘクタール(ha)
EU15 北西部	AT	オーストリア	200	2.0
	BE	ベルギー	400	2.0
	DK	デンマーク	300	5.0
	FI	フィンランド	200	3.0
	FR	フランス	300	4.0
	DE	ドイツ	300	4.0
	IE	アイルランド	200	3.0
	LU	ルクセンブルグ	300	4.0
	NL	オランダ	500	2.0
	SE	スウェーデン	200	4.0
	UK	英国	200	5.0
EU15 南部	EL	ギリシア	400	0.4
	IT	イタリア	400	0.5
	PT	ポルトガル	200	0.3
	ES	スペイン	300	2.0
新規 加盟国	CY	キプロス	300	0.3
	CZ	チェコ	200	5.0
	EE	エストニア	100	3.0
	HU	ハンガリー	200	0.3
	LV	ラトビア	100	1.0
	LT	リトアニア	100	1.0
	MT	マルタ	500	0.1
	PL	ポーランド	200	0.5
	SK	スロバキア	200	2.0
	SI	スロベニア	300	0.3
	BG	ブルガリア	200	0.5
	RO	ルーマニア	200	0.3

出典：規則73/2009、付属文書7。

最小規模要件は一定規模に達しない経営体を、直接支払いという所得支持機能[21]を伴う政策から排除する。この要件の導入は規模が小さく十分な営農基盤を整えていない農家がCAPにおいて不利な地位に置かれているという事実を象徴している[22]。

Ⅱ 農村開発政策と小規模農家

2014年4月、当時の欧州委員会で農業を担当していたチオロシュは次のように述べた。EUで農業生産に関与している農場は1,200万経営体存在するが、その大半は家族経営で、家族経営農場の多くは中小規模である。家族経営農場は強力かつ野心的な政策枠組みの支えによって、一方ではフードセキュリティを確保し、他方では食品の安全性や品質等に関するますます高まる社会からの期待に応えている。それと同時に家族経営農場は農村の生活様式を維持し、社会経済面および環境面での農村地域の持続可能性に貢献している（Cioloş, 2014, p. 3）。

その大半が中小規模である家族経営農場を支える政策枠組みが存在するとチオロシュは主張するが、前節で見た通り第一の柱は規模が大きい経営体ほど多くの直接支払いを受け取る制度であり、最小規模要件を下回る規模の農場にいたっては直接支払いから排除されてしまうため、規模の小さな農場の経営者はもう一方の政策枠組みすなわち農村開発政策に頼ることになる。この点に関連してチオロシュは次のように述べる。「いくつかの措置は、中小規模の家族経営農場の持続可能性を強化すると証明されている。それに含まれるものとして特に、訓練と助言を目的とした支援（知識の移転や農場経営の助言など）、経済的改善（物理的投資や事業開発など）、小規模の不利さを克服するための協力（生産者団体の設立や短いサプライチェーンの結合による発展など）、そして環境的制約に対する補償（環境基準や有機農業の基準の自発的改善など）を挙げることができる」（Cioloş, 2014, pp. 3-4）。この見解は2014年以降の農村開発政策を念頭に置いたものであるが、ここで例示された措置は2013年までの農村開発政策でも利用されていたものである。したがってチオロシュはこれまでの農村開発政策によって中小規模の家族経営農場の持続可能性が強化されたと考えていると言ってよい。

本節ではチオロシュの考えがどの程度妥当なのかを検討する。この作業は、まず農村開発政策の概要を確認し、しばしばそれが第一の柱よりも有効だと考えられていることを指摘した後、規模の小さな生産者とりわけ自家消費を生産の主目的の一つとする農家の立場から農村開発政策を検討するという順序で実施される。それによりこの政策もまた第一の柱と同様、そうした農家ほどアクセスが難しい支援制度であると判明し、チオロシュの見解は楽観的すぎると結論づけることができる。特に断らない限りここでの農村開発政策とは規則1698/2005に基づく2007～13年MFFの農村開発政策とする。

1　農村開発政策の概要

農村開発政策の概要は機軸（目的とそれを実現するための措置を含む。表4-3を参照)、原則そして資金負担方法によって説明できる。

表4-3　農村開発政策（2007～13年MFF）の四つの機軸と実施される措置

機軸	目的	援助の対象となる措置
1. 農業と林業の競争力改善	農業と林業の競争力を、再構築、開発およびイノベーションを支援することによって改善すること。	①知識の普及と人的潜在能力の向上を目的とした措置 ・職業訓練（科学的知識やイノベーティブな実践の普及など)。 ・若年農家（40歳未満）の就農。 ・農場経営者と農業労働者の早期退職（措置113)。 ・農家と森林保有者による助言サービスの利用。 ・営農等に関連する支援サービスの開始。 ②物的潜在能力の再構築および開発、ならびにイノベーションの促進を目的とした措置 ・農業経営体の近代化を導く有形無形の投資に対する支援（措置121)。 ・森林の経済的価値の向上を導く投資に対する支援。 ・農産物と林産物の付加価値増大を導く有形無形の投資に対する支援。 ・農業、食品産業および林業における新しい製品、過程および技術の開発のための協力。 ・インフラの開発と改良（農業と林業の発展と適応に関連するもの)。 ・自然災害を被った潜在的農業生産力の回復と、適切な防止措置の導入。 ③農業生産と農産物の質の向上を目的とした措置 ・共同体の法律が要求する基準に適応しようとする農家への援助。 ・食料品質スキームへの農家の参加の奨励。 ・食料品質スキームの下での、生産物の情報提供と販売促進に関する生産者団体支援。 ④2004年新規加盟国を対象とした移行措置 ・再構築を実施する半自給自足農業経営体の支援（措置141)。 ・生産者団体の立ち上げの支援。

2. 環境と農村空間の改善	環境と農村空間を、土地管理を支援することによって改善すること。	①農地利用の持続可能性を対象とした措置 ・山岳地域の農家に対する自然不利条件支払い。 ・山岳地域以外の条件不利地域の農家に対する自然不利条件支払い。 ・Natura2000支払いと、指令2000/60に関連する支払い。 ・農業環境支払い。 ・動物の福祉の支払い。 ・非生産的投資への支援。 ②森林利用の持続可能性を対象とした措置 ・農地への初めての植林。 ・一つの土地で農業と林業を行う制度の、初めての設立。 ・非農地での初めての植林。 ・Natura2000支払い。 ・林業環境支払い。 ・林業の潜在力の回復と、予防措置の導入。 ・非生産的投資への支援。
3. 農村地域の生活の質と農村経済の多様化	農村地域の生活の質を改善し経済活動の多様化を奨励すること。	①農村経済の多角化を目的とした措置 ・非農業活動に及ぶ多角化（措置311）。 ・起業家精神の鼓舞と経済構造の発展を視野に入れた、小規模事業の創出と発展の支援。 ・観光活動の奨励。 ②農村地域の生活の質の向上を目的とした措置 ・農村の経済および居住者のための基礎的サービス。 ・村落の修復と開発。 ・農村遺産の保全と価値向上。 ③機軸3の措置を実施する経済的アクターへの訓練と情報提供 ④当該地域の開発戦略の準備と実施を視野に入れた技術習得
4. LEADER	上記三つの目的すべて。この機軸の特徴は、目的にではなく、目的を達成するための手法にある。	LEADERの枠組みで採用される手法は次の七つの要素を含まなくてはならない。 ・区画がより小さい（subregional）農村地方のための開発戦略。 ・当該地域の公的部門と民間部門のパートナーシップ。 ・当該地域の開発戦略の練り上げおよび実施に関して、LAGに意思決定権を与え、ボトムアップ型の手法を採用すること。 ・当該地域経済の様々な部門に含まれるアクターとプロジェクトの相互交流に基づいて、複数の部門にわたる戦略を企画し実施すること。 ・革新的なアプローチの実施。 ・協力を伴うプロジェクトの実施。 ・現地のパートナーシップのネットワーク化。

出典：規則1698/2005より筆者作成。

引用者注：LEADER(第3章Ⅰを参照)における地域活動団体(Local Action Group: LAG）とは、当該地域の社会経済に基盤を置く様々な団体で構成され、LEADER事業における地域開発戦略を実施する役割を担う。下線を引いた四つの措置（113、121、141、311）について表4-4を参照。Natura2000（ナチュラ2000）とはEU内の希少種と絶滅危惧種の繁殖・生息地のネットワークである。これの管理に対してEUは支援を提供している。

表4－3に示された措置すなわち農村開発政策の枠内で利用可能な措置が実施される際に遵守されるべき支援の原則が、規則1698/2005第5～8条に定められている。第一の原則、補足性（complementarity）とは、共同体が掲げる優先的目的に貢献する加盟国と自治体の活動がEAFRDによって補われることを意味する。換言すれば農村開発政策の主役は加盟国とその中のアクターであり、EUはそのサポート役である。第二の原則、整合性（consistency）とは、EUの活動、政策および優先事項（例えば経済的社会的結束に関する目的）とEAFRDに基づく支援との整合性を欧州委員会と加盟国が確保するという原則である。第三の原則すなわち適合性（conformity）により、EAFRDを資金源とする活動がEUの法律に反しないことを加盟国は保証することになる。第四の原則、パートナーシップとは、欧州委員会と加盟国の間で実施される緊密な協議に加盟国が指定した団体[(23)]も関与した上で、EAFRDの支援が決定され実施されるという原則である。第五の原則である補完性（subsidiarity）により、加盟国は適切な行政レベルでの農村開発政策のプログラムの実施に責任を負う。これら五つの原則だけでなく両性間の平等およびあらゆる差別の排除も農村開発政策の原則を構成している。

農村開発政策における補助金支出では、地域政策の場合と同じく共同資金負担（co-financing）と呼ばれる手法が採用されている。すなわちEAFRDの資金で賄われるのは必要資金の一部に過ぎない[(24)]。機軸1と3（表4－3を参照）に属する措置がある地域で実施される場合、当該地域が収斂目的[(25)]の対象に指定されていれば必要資金総額の75％を上限として、その指定のない地域であれば50％を上限としてEAFRDが負担する。機軸2と4の場合、実施地域が収斂目的の対象であれば80％が、そうでなければ55％が上限となる[(26)]。

農村開発政策は表4－3に示された様々な措置を備えているが、そのうちどれがどのように活用されるかは欧州委員会と加盟国政府だけではなく地方政府や非政府組織等の意見も参考にした上で決定される（パートナーシップの原則)。つまり農村開発政策では地元の事情に通じたアクターの意見に基づいて採用される措置が決まることになり、それゆえ第二の柱は第一の柱よりも有効な農業支援策と見なされることが多い。第一の柱がお仕着せ型であるのに対して、テーラーメイド型の第二の柱に大きな期待が集まるのは当然だろう。ここではポーランド、ルーマニアおよびブルガリアが農村開発政策を利用して規模の小さな農家にそれぞれどのような措置を実施しているかを例示し(表4-4-a、b)、同一の措置の適用でありながら実施内容が加盟国ごとに異なることを明確にする。なお表4-4に登場する半自給自足(semi-subsistence)とは、自ら生産する農産物の50%未満しか出荷しない(すなわち半分以上を自家消費する)形態の農業を指し、ESU(European Size Unit: 欧州生産規模単位)とは生産規模を示す指標で、1ESUは1,200ユーロに相当する(それらの詳細は第Ⅲ節1で論じる)。

2 農場の規模と農村開発政策の活用状況の関係

ここでは、小規模農場の経営者にとって農村開発政策は効果的だと期待されているにもかかわらず、その利用は困難であることを論じる。この論点を扱った先行研究としてDavidova(2011)とThomson(2014)があるが、両者とも、商業化に成功した農場とは異なり小規模に営農する農場とりわけ半自給自足型農家にとって、農村開発政策のメリットを享受することは簡単ではないと結論づけている。

Davidova(2011, pp. 515-516)によれば半自給自足型の小規模農家が農村開発政策を利用しづらい理由は二つある。第一の理由は、第一の柱における最小規模要件と同じく、加盟国政府が農村開発政策の申請に関して農場の最小規模を設定するからである。例えば機軸1に含まれる農業経営体の近代化に関わる措置(表4-3と表4-4-aの措置121)に申請できる経営の最小規模をブルガリア、ルーマニア、ポーランドはそれぞれ1ESU、2ESU、4ESUに設定した。第二の理由は、農村開発政策を利用するには数

表4－4－a　ポーランド、ルーマニア、ブルガリアにおける農村開発政策の実施事例

	ポーランド	ルーマニア	ブルガリア
措置141（再構築を実施する半自給自足農業経営体の支援）			
支援形態	毎年の定額支払い。	毎年の定額支払い。	毎年の定額支払い。
支援額（一年当たり）	1,250ユーロ。	1,500ユーロ。	1,500ユーロ。
支援期間	最長5年間。	最長5年間。	最長5年間。
主たる受給条件	半自給自足経営で、生産規模が4ESU未満。	半自給自足経営で、生産規模が2～8ESU。	半自給自足経営で、生産規模が1～4ESU。
	通常3年間、この措置が適用される。	通常3年間、この措置が適用される。	通常5年間、この措置が適用される。
	当該農家が経営計画に示した目的を達成した場合には、この措置は2年間延長される。この措置の目的は農業経営体の規模を4ESU以上に拡大することだが、それが実現しなくても問題はない。	この措置が2年間延長される条件は、生産した農産物の販売額が20％増加し、経営規模の拡大幅が3ESU以上になることである。	この措置が延長される条件は、経営規模が4ESU以上になり、その拡大幅が3ESU以上になることである。
	経営計画の提出。	経営計画の提出。	経営計画の提出。
		経営者の年齢が62歳未満。	経営者の年齢が60歳未満。
措置121（農業経営体の近代化を導く有形無形の投資に対する支援）			
支援形態	支援対象投資への援助の提供。	支援対象投資への援助の提供。	支援対象投資への援助の提供。
支援額（＊を付した項目については、投資および受給対象者の状況によって上限額は増加可能）	支援対象投資の総額の40％。	支援対象投資の総額の40％。	支援対象投資の総額の40％。
	若年経営者（40歳未満）に対しては総額の50％。	若年経営者（40歳未満）に対しては総額の50％。	若年経営者（40歳未満）に対しては総額の50％。
	条件不利地域とNatura2000対象地域の若年経営者（40歳未満）に対しては総額の60％。	条件不利地域とNatura2000対象地域の若年経営者（40歳未満）に対しては総額の60％。	条件不利地域とNatura2000対象地域の若年経営者（40歳未満）に対しては総額の60％。
	条件不利地域とNatura2000対象地域の経営者に対しては総額の50％。	条件不利地域とNatura2000対象地域の経営者に対しては総額の50％。	条件不利地域とNatura2000対象地域の経営者に対しては総額の50％。
	支援の上限は1受給対象者に付き76,000ユーロ。	支援の上限は1受給対象者に付き80万ユーロ＊。	支援の上限は1受給対象者に付き150万ユーロ＊。
	5,000ユーロ以上の投資が対象。	200万ユーロ以下の投資が対象＊。	
主たる受給条件	経営者が登録され、単一面積支払いの受給条件を満たしていること。	経営者が登録され、単一面積支払いの受給条件を満たしていること。	経営者が登録され、単一面積支払いの受給条件を満たしていること。
	経営計画の提出。	経営計画の提出。	経営計画の提出。
	農業経営体の最小規模は4ESU（それを実現できる見込みがあれば受給可能）。	農業経営体の最小規模は2ESU。	農業経営体の最小規模は1ESU。
	受給対象者は定年年齢以下で、適切な農業教育を受けたまたは農業経験を有していること。		単一面積支払いを受給できる面積を有すること（措置141の対象者は除く）。

出典：Burrell（ed.）(2010), table 16, 17.

表4－4－b　ポーランド、ルーマニア、ブルガリアにおける農村開発政策の実施事例

	ポーランド	ルーマニア	ブルガリア
措置311（非農業活動に及ぶ多角化）			
支援形態	支援対象投資（投資関連の費用全般も含む）への援助の提供。	実施されていない。	支援対象投資（投資関連の費用全般も含む）への援助の提供。
支援額	支援の上限は支援対象支出総額の50％。		支援対象支出総額の70％。
	支援の上限は1受給対象者に付き25,000ユーロ。		支援対象支出総額の下限は1プロジェクトに付き5,000ユーロ、上限は1プロジェクトに付き40万ユーロ（再生可能エネルギーの生産のための投資については100万ユーロ）。
			支援総額の上限は1プロジェクトに付き20万ユーロ（道路輸送部門での投資については10万ユーロ）。
主たる受給条件	農業経営体の家計を構成する自然人で、農業者向け社会保険に加入していること。		農村行政区に居住する農業生産者であること。
	次に挙げる条件のうち、少なくとも二つを満たすこと。営農規模が2～4ESU/一人当たり農地面積が15ha未満/当該地域の失業が高水準にある/地方政府の税収が低い。		
措置113（農場経営者と農業労働者の早期退職）			
支援形態	毎月の早期退職支払い。	実施されていない。	
支援額	国家の年金に基づいて計算され、その150％相当額が基本支給額となる。		
	配偶者がいる場合は100％増額される。		
	保有農場（規模が10ha以上）が40歳未満の人物に移転される場合には、15％増額される。		
	支給総額が最低年金額の265％を越えてはならない。		
	支給額の上限は18,000ユーロ。		
支援期間	定年年齢まで。		
主たる受給条件	自然人であること。		
	55歳以上で、定年年齢（男性65歳、女性60歳）に達しておらず、年金生活者でないこと。		
	少なくとも10年間農業経営を実施してきたこと。		
	少なくとも5年間退職保険をかけてきたこと。		
	保有農場を譲り、市場志向の農業活動を止めること。		
	保有農場の継承者は40歳未満で、営農に十分な能力を有すること。保有農場が他の農場の経営拡大に充てられる場合には、継承者の年齢は50歳未満であればよい。		

出典：Burrell (ed.) (2010), table 18, 19.

年間にわたる営農計画の策定が必要[27]であり、支援を受ける申請者自身がその必要資金の一部を負担しなくてはならないが、これを実践することは小規模農場にとって大きな負担だからである。商業化に成功した大規模な農業経営体は、ときには専門家のアドバイスを通じてどのような物的金銭的手段が利用可能かについて十分な知識を入手しているが、小規模農場とりわけ半自給自足型農家は通常そうした知識を備えていない[28]。

Thomson（2014）は、小規模農場が農村開発政策を利用しづらいことについて、Davidova（2011）と同様の二つの理由を指摘する。その上で、フルタイムで農業経営に従事する者（または主たる営みを農業とする者）に一般的焦点が当てられパートタイム農家や非農業所得を多く獲得している農家は見過ごされがちであるという事実により、第二の柱は半自給自足型の小規模農家が抱える問題に対処するには貧弱な措置しか備えていないと述べている（Thomson, 2014, p. 25）。

Davidova（2011）とThomson（2014）の主張に整合的な現実を図4－2が示している。小規模農場を含む全農業経営体のうち何パーセントが農村開発関連補助金を受給したかと、保有農地面積が2ヘクタールに満たない極小規模の農業経営体のうち何パーセントがそれを受給したかとを比較した場合、ほぼすべての加盟国で後者の方が小さい値を示した。結局のところ、近年拡充されている農村開発政策も直接支払いと同様、規模の小さな農場を排除する傾向を持っている。

Ⅲ 2005年以降の小規模農家の状況 ——小規模農家の欧州統合からの排除

結論部分である本節の目的は、欧州統合の過程への小規模農家の包摂をEUが放棄しはじめたという事実をユーロスタットのデータを利用して示すことである。そのために、まず小規模農家と半自給自足農家（Semi-Subsistence Farm: SSF）の定義と機能を示し、その後でユーロスタットの

図4－2　2010年に農村開発関連補助金を受給した経営体の割合（%）

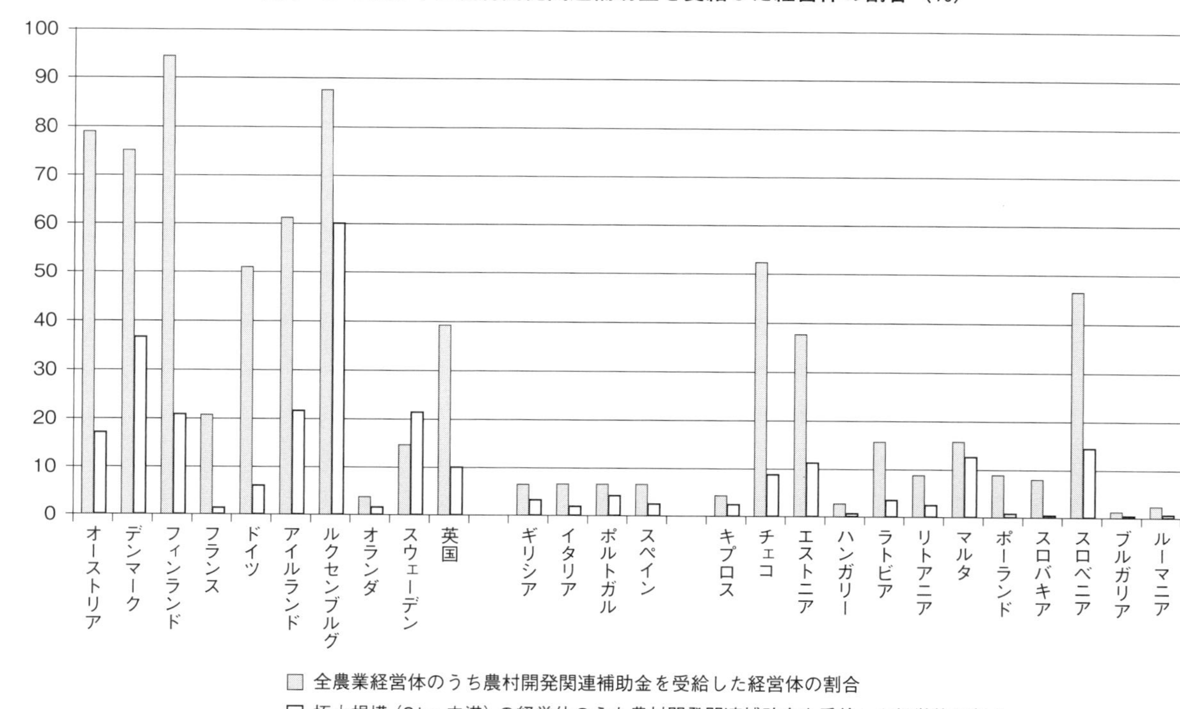

出典：Eurostat（Farm Structure 2010）より筆者作成。
注：ベルギーについてデータなし。

データの検討に入る。

1　小規模農家とSSFの定義

EUが発行する文書、例えばEuropean Commission Directorate-General for Agriculture and Rural Development（2011）に記されていることだが、小規模農家とSSFの普遍的な定義は存在しない。しかしこれまでの研究の蓄積とユーロスタットのデータ収集方法の影響を受けて、本節で示す形でのそれら二つの用語の定義が広く利用されている。特に断らない限りここでの記述はENRD[29]（2010a）およびDavidova et al.（2013）に基づく。

（1）小規模農家について

営農の規模は、利用農地面積（Utilised Agricultural Area: UAA）または標準生産高（Standard Output: SO）で測定される。小規模とは、UAAを基準とすれば5ヘクタール未満、SOを基準とすれば8,000ユーロ未満を指す。極小規模に限定して論じる場合には、それぞれ2ヘクタール、2,000ユーロという基準が利用される。

（2）生産額の定義の変更について[30]

本論から外れるが、営農規模（生産額）の指標が変更されたことに触れておく。現在EUで利用されている農業生産額の指標はSOで、事前に算出された各農産物のSOに基づいて経営規模が測定される。ある農産物のSOは、当該農産物の1ヘクタール当たりまたは1頭当たりの平均的名目価格（出荷段階でのユーロ建て価格）であり、その地域間の差は補正される。

ほぼ3年ごとに実施される農場構造調査（Farm Structure Survey）では、規則1242/2008により2010年分からSOのみが利用されるが、それ以前はSGM（Standard Gross Margin: 標準粗利益）という指標が利用されていた。SOとSGMには、生産額によって経営規模を示すという共通点がある一方、次のような相違がある。

SGM＝生産額＋直接支払い－費用
SO＝生産額

SGMをSOに変更した原因は2006年から本格化した直接支払いのデカップルである。これにより直接支払いは生産に影響を与えなくなるため計算式から除外されたが、その場合SGMは生産額と費用の差ということになり、その値が負になる可能性が生じた。それを避けるため生産額だけが利用されるようになった。なおSOはユーロ単位で表現され、SGM利用時に用いられたESUという単位は使われない。1ESUはSGMで測定した場合の1,200ユーロ相当生産額を意味する。

（3）SSFの定義と機能について

ある農場が商業化しているか否かすなわち営農の主たる理由が農産物の販売なのか自家消費なのかを区別する際に、EUではSSFという概念が利用されている。この考え方は農村開発政策に関する規則1698/2005第34条で導入された。ユーロスタットでは、生産する農産物の半分以上をその家計で消費し残りを販売する農家をSSFとみなしている。

SSFは次の三種類に分類できる。第一に貧困や未発達のセーフティネットが原因で生存戦略として自給自足農業を営まざるをえない農家、第二に農業以外の所得源を持つパートタイム農家、第三に趣味または生活スタイルとして自給自足を選択する農家である。

Davidova et al.（2013, ch.3）によるとSSFと小規模農家は主要な四つの機能を果たしている。

まずSSFにとって福祉機能が重要である。わずかな資産しか持たず農業以外の所得源も最低限のものしか有していない家計のための社会的緩衝としてSSFは機能し貧困を緩和している。表4－5[(31)]は、新規加盟5カ国において自給自足生産が所得向上に貢献していることを示している。ブルガリアとポーランドでは貧困家計の所得の約40％が、ルーマニアでは50％以上が自給自足生産に由来している。またリーマンショック以降の不況に際して、イタリア、ギリシアそしてポルトガルでもこの福祉機能が注目された。

第二の機能として、農業の多面的機能に関する貢献を挙げることができる。小規模経営体なかでもSSF[(32)]は混合農業を実践している場合が多く、景観と生物多様性に貢献し良質な環境関連公共財を供給する。一つまたはわずかな種類の農産物しか生産しない商業的農場と比較して、SSFはより多くの農業関連生物多様性を生み出している[(33)]。

表4－5　自給自足生産の所得と貧困軽減への寄与

		ブルガリア	ハンガリー	ポーランド	ルーマニア	スロベニア
自給自足生産を除いた一人当たり所得（購買力平価ユーロ）＊		8,902	9,957	6,744	5,280	11,805
一人当たり自給自足生産の額（購買力平価ユーロ）＊		2,864	507	2,146	2,365	1,601
自家消費生産物を含む所得に対する、自家消費される生産物の市場価格の割合（%）＊	全家計	28.3	6.0	23.5	32.7	12.5
	貧困家計	39.5	19.1	40.4	50.8	23.3
貧困線を下回る家計の割合（%）	所得から自給自足生産を除いた場合	20.9	13.3	9.5	3.5	25.7
	所得に自給自足生産を含めた場合	8.8	8.6	2.0	1.2	17.1

出典：Davidova, Fredriksson, and Bailey（2011）, table 6.5, 6.6.
注：この表のデータはSCARLEDのデータに基づく（SCARLEDについては注31を参照）。＊を付した項目の数値は、等価されている（equivalised）、すなわち家族構成に応じて調整されたデータに基づいている。貧困とは、ある国の等価された可処分所得（社会的移転を含む）の中央値の60％を下回る所得しか得ていない状態を指す。

第三に、小規模農家とSSFは非農業部門を含む農村経済全般において重要な役割を果たしている。なぜなら小規模農家の多くは家計維持のために農業以外にも職を持っており、それが非農業人口のために福祉を提供し、遠隔地における人口の維持に役立っているからである。

第四に、SSFも市場志向の経済的役割を担う場合があり、それは特別な食料（無農薬農産物など）を供給することである。SSFや小規模農家が自ら販売を行うファーマーズマーケットを通じて消費者と直接関わるという現象は多くの国で見られる。南欧加盟国とポーランドやルーマニアでは、これら以外の新規加盟国や北部・西部の加盟国よりもはるかにファーマーズマーケットが普及している。

2　小規模農家の統合からの排除

SSFと小規模農家は前項で示した機能を有し社会に貢献しているが、第Ⅰ節と第Ⅱ節で示したようにそうした農業者が政策的支援を受け取る際に越えなくてはならないハードルはCAP改革の過程で高められてきた。ユーロスタットが提供してくれるデータは彼らの状況の変化をどのように表現するのだろうか。

まず表4－6と図4－3によると、例外（デンマーク、フィンランド、アイルランドおよびスウェーデン）はあるものの多くの加盟国で極小規模の経営体は、SOを評価基準とした場合あまり生産に貢献していない。例えばスロバキア（SK）では、極小規模経営体は数で35.7％を占めているにもかかわらず、そのSOのシェアはわずか1.9％である。極小規模経営体の生産性の十分な向上（1経営体当たりのSOのキャッチアップ）は実現していないと言ってよく、その傾向は新規加盟国と南欧諸国で特に強い。

次に2005～10年の変化を描いた表4－7と表4－8であるが、表4－7が示すEU農業の構造変化の傾向は小規模な農業経営体の減少である。また表4－8が示すように農地面積を著しく減らす加盟国は、5年間で約22％の減少を経験しているキプロス（CY）以外にはなく、EU全体としてみればそ

表4－6　極小規模（2ha未満）の農業経営体のシェア（経営体数とSO、2010年）

加盟国		農業経営体の数			標準生産高（SO）		
		経営体総数	極小規模の経営体の数	極小規模の経営体の割合(%)（ア）	全経営体のSO（ユーロ）	極小規模の経営体のSO（ユーロ）	極小規模の経営体の割合(%)（イ）
EU15北西部	AT	150,170	16,160	10.8	5,879,273,590	164,762,130	2.8
	BE	42,850	4,270	10.0	7,247,768,310	356,128,010	4.9
	DK	42,100	520	1.2	8,430,808,830	137,778,740	1.6
	FI	63,870	1,440	2.3	3,097,634,110	146,961,780	4.7
	FR	516,100	66,580	12.9	50,733,216,720	1,249,508,410	2.5
	DE	299,130	14,260	4.8	41,494,097,650	935,914,350	2.3
	IE	139,890	2,210	1.6	4,297,715,740	155,199,320	3.6
	LU	2,200	200	9.1	268,559,300	1,793,090	0.7
	NL	72,320	8,000	11.1	18,929,955,990	1,736,096,470	9.2
	SE	71,090	560	0.8	3,733,311,440	89,192,360	2.4
	UK	186,800	4,500	2.4	19,554,979,690	279,378,850	1.4
	小計	1,586,520	118,700	7.5	163,667,321,370	5,252,713,510	3.2
EU15南部	EL	723,060	367,160	50.8	6,872,835,240	1,120,018,700	16.3
	IT	1,620,880	819,360	50.6	49,460,329,710	3,979,615,240	8.0
	PT	305,270	152,460	49.9	4,639,745,660	512,080,460	11.0
	ES	989,800	270,280	27.3	34,173,074,930	2,302,772,280	6.7
	小計	3,639,010	1,609,260	44.2	95,145,985,540	7,914,486,680	8.3
新規加盟国	CY	38,860	28,710	73.9	458,888,500	91,670,360	20.0
	CZ	22,860	1,980	8.7	3,852,209,740	24,913,730	0.6
	EE	19,610	2,210	11.3	594,584,270	5,629,210	0.9
	HU	576,810	412,740	71.6	5,241,037,240	613,319,030	11.7
	LV	83,390	9,590	11.5	777,190,960	6,586,930	0.8
	LT	199,910	32,310	16.2	1,526,276,560	34,455,940	2.3
	MT	12,530	10,790	86.1	95,890,130	38,413,450	40.1
	PL	1,506,620	355,220	23.6	18,987,070,900	877,691,550	4.6
	SK	24,460	8,720	35.7	1,731,014,360	33,335,140	1.9
	SI	74,650	20,280	27.2	913,194,010	55,226,590	6.0
	BG	370,490	294,960	79.6	2,536,665,610	480,699,890	19.0
	RO	3,859,040	2,731,730	70.8	10,420,314,210	3,026,225,890	29.0
	小計	6,789,230	3,909,240	57.6	47,134,336,490	5,288,167,710	11.2

出典：Eurostat（Farm Structure 2010）より筆者作成。

図4－3　極小規模（2ha未満）の農業経営体のSO（2010年）

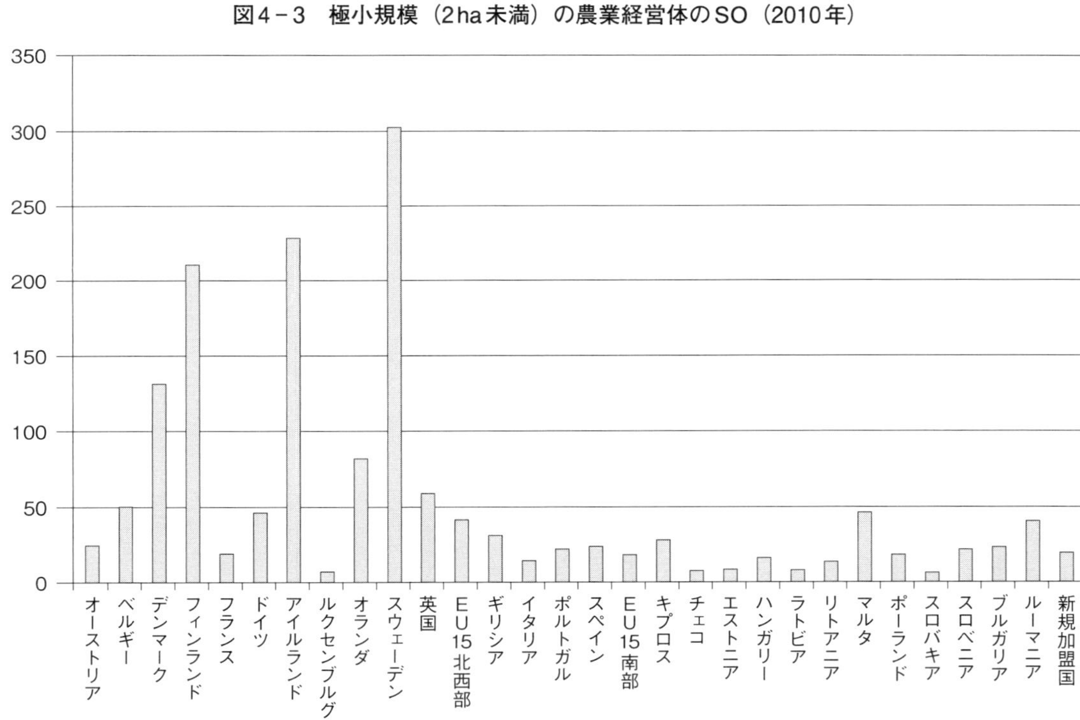

出典：Eurostat（Farm Structure 2010）より筆者作成。

注：このグラフは経営体数総数に占める極小規模経営体数の比（表4－6のア）に対する、全経営体の生産額（SO）の総額に占める極小規模経営体のSOの比（表4－6のイ）の値を指数で示したものである。

表4－7　小規模農業経営体の推移

加盟国		小規模（極小規模を含む）SOが8,000ユーロ未満			極小規模 SOが2,000ユーロ未満		
		2005年	2007年	2010年	2005年	2007年	2010年
		実数	指数（2005年＝100）		実数	指数（2005年＝100）	
EU15北西部	AT	72,020	99.6	76.0	29,290	102.4	71.0
	BE	7,380	90.7	74.7	1,880	91.5	71.3
	DK	8,640	90.9	66.4	450	128.9	182.2
	FI	24,630	96.4	81.4	4,320	100.9	73.1
	FR	143,760	90.2	80.7	55,990	90.7	74.5
	DE	84,960	96.1	40.2	12,790	104.2	8.8
	IE	38,300	108.4	156.2	7,450	128.9	239.7
	LU	370	83.8	73.0	50	60.0	40.0
	NL	8,270	90.4	104.1	310	41.9	19.4
	SE	30,250	92.6	95.5	7,390	78.3	77.3
	UK	93,690	70.6	57.9	42,920	55.6	37.7
EU15南部	EL	592,660	103.2	86.3	255,350	107.9	92.3
	IT	1,094,410	98.6	90.9	453,280	93.9	109.1
	PT	255,580	83.7	92.7	124,870	82.2	93.3
	ES	606,500	97.1	88.6	239,090	98.7	88.4
新規加盟国	CY	36,410	88.4	88.5	22,720	86.0	96.2
	CZ	26,210	90.1	30.2	12,860	91.7	10.5
	EE	22,150	82.3	48.6	11,050	91.6	46.0
	HU	632,090	87.2	78.5	486,960	89.6	73.7
	LV	119,400	82.1	53.5	79,500	82.3	49.4
	LT	223,060	93.2	76.4	78,820	148.8	122.8
	MT	6,610	105.6	114.1	4,800	107.7	106.9
	PL	1,891,650	97.6	53.3	1,252,270	95.0	35.4
	SK	63,760	100.1	28.5	53,280	97.8	14.1
	SI	52,900	98.8	97.3	14,290	118.5	109.8
	BG	508,870	88.7	66.8	354,970	93.5	71.6
	RO	4,094,610	90.6	88.7	2,769,710	92.3	98.1
合計		10,739,140	93.3	79.2	6,376,660	94.0	80.5

出典：Eurostat（Farm Structure 2010）より筆者作成。

表4－8　利用農地面積（UAA）の推移

加盟国		2005年	2007年	2010年
		実数（ha）	指数（2005年＝100）	
EU15北西部	AT	3,266,240	97.6	88.1
	BE	1,385,580	99.2	98.0
	DK	2,707,690	98.3	97.8
	FI	2,263,560	101.3	101.2
	FR	27,590,940	99.6	100.9
	DE	17,035,220	99.4	98.1
	IE	4,219,380	98.1	118.3
	LU	129,130	101.4	101.5
	NL	1,958,060	97.8	95.6
	SE	3,192,450	97.7	96.0
	UK	15,956,960	100.5	105.8
EU15南部	EL	3,983,790	102.3	130.0
	IT	12,707,850	100.3	101.2
	PT	3,679,590	94.4	99.7
	ES	24,855,130	100.2	95.6
新規加盟国	CY	151,500	96.4	78.2
	CZ	3,557,790	98.9	97.9
	EE	828,930	109.4	113.5
	HU	4,266,550	99.1	109.8
	LV	1,701,680	104.2	105.6
	LT	2,792,040	94.9	98.2
	MT	10,250	100.8	111.7
	PL	14,754,880	104.9	97.9
	SK	1,879,490	103.0	100.9
	SI	485,430	100.7	99.4
	BG	2,729,390	111.8	164.0
	RO	13,906,700	98.9	95.7
合計		171,996,200	100.2	101.5

出典：Eurostatより筆者作成。

表4－9　農業経営体で直接雇用されている労働力（単位：AWU）

加盟国		全農業経営体			小規模（極小規模を含む）5ha未満			
		2005年	2007年	2010年	2005年	2007年	2010年	2005年
		実数	指数（2005年＝100）		実数	指数（2005年＝100）		実数
EU15北西部	AT	166,440	98.1	68.7	27,330	110.4	68.7	7,47
	BE	69,590	94.3	88.4	15,450	89.8	74.8	8,67
	DK	60,450	92.4	86.5	4,480	103.3	133.5	3,18
	FI	83,460	86.7	71.6	6,530	87.6	78.6	3,70
	FR	855,490	94.1	91.1	106,010	92.7	110.3	54,89
	DE	643,230	94.7	84.8	87,870	92.1	53.9	40,26
	IE	152,380	96.8	108.5	6,630	89.3	97.3	1,47
	LU	3,990	94.0	92.7	570	70.2	66.7	24
	NL	173,930	94.9	93.0	55,720	90.8	82.5	29,01
	SE	71,100	92.1	80.0	6,620	76.4	66.2	2,36
	UK	339,080	90.3	78.5	63,360	54.0	30.6	40,71
	小計	2,619,140	93.9	86.6	380,570	86.7	74.2	191,96
EU15南部	EL	600,800	94.7	71.5	340,970	94.0	71.8	162,14
	IT	1,374,260	94.8	69.4	693,540	91.5	62.3	373,93
	PT	398,080	84.9	91.3	255,620	80.3	92.9	155,32
	ES	992,640	97.5	89.6	343,370	94.0	88.4	176,73
	小計	3,365,780	94.4	78.3	1,633,500	90.8	74.6	868,12
新規加盟国	CY	28,660	90.4	64.9	19,250	88.3	61.9	12,39
	CZ	151,900	90.4	71.1	25,630	87.3	33.4	18,30
	EE	36,900	86.9	68.1	9,720	75.4	51.3	4,20
	HU	462,740	87.2	91.5	310,960	84.6	87.7	267,85
	LV	137,250	76.3	62.0	41,910	63.9	40.6	15,78
	LT	221,550	81.3	66.2	79,500	91.7	70.4	15,02
	MT	4,060	103.9	120.0	3,640	101.4	121.7	2,62
	PO	2,273,590	99.5	83.4	1,015,790	98.3	74.7	468,09
	SK	98,790	92.4	56.8	39,380	91.0	29.2	34,79
	SI	94,980	88.1	80.7	42,410	87.7	77.7	12,97
	BG	624,660	79.2	65.1	529,680	75.9	59.4	469,94
	RO	2,595,590	85.0	62.0	2,113,980	82.5	60.3	1,268,46
	小計	6,730,670	89.5	72.2	4,231,850	85.8	65.4	2,590,41

出典：Eurostat（Farm Structure 2010）より筆者作成。

注：AWU（Annual Work Unit）とは労働時間を示す単位で（労働者数とは無関係）、

極小規模 2ha未満		小規模（極小規模を含む） SOが8,000ユーロ未満			極小規模 SOが2,000ユーロ未満		
2007年	2010年	2005年	2007年	2010年	2005年	2007年	2010年
指数（2005年=100）		実数	指数（2005年=100）		実数	指数（2005年=100）	
136.5	88.0	37,900	101.3	43.8	10,660	111.0	34.8
88.8	73.4	3,470	99.1	89.6	820	102.4	97.6
92.5	142.1	2,690	103.7	124.5	180	133.3	927.8
84.6	82.7	10,640	85.6	54.3	1,170	115.4	67.5
93.7	118.1	56,120	94.8	91.8	15,960	98.4	99.5
94.6	72.0	48,370	89.9	34.6	5,910	94.8	10.3
98.0	117.7	29,730	110.3	171.2	4,440	136.3	270.7
79.2	62.5	180	77.8	72.2	20	50.0	50.0
90.1	79.3	5,380	92.6	105.2	500	164.0	182.0
49.2	76.7	12,390	103.0	85.6	2,560	100.8	93.0
51.5	26.2	62,070	68.1	50.9	32,810	48.9	24.5
85.1	79.0	268,940	90.5	72.9	75,030	81.4	62.4
97.1	75.6	249,670	94.7	69.1	52,200	102.3	76.4
96.5	65.0	467,090	95.2	56.9	141,450	90.4	69.2
78.7	98.1	257,900	81.6	89.1	99,770	79.0	92.6
91.7	93.5	270,000	99.0	88.0	72,180	101.8	99.2
92.4	78.7	1,244,660	93.1	72.8	365,600	91.2	82.5
90.5	64.0	13,680	88.0	58.1	5,510	87.3	61.7
87.3	36.7	19,940	91.7	36.8	7,440	97.2	13.0
78.6	59.3	16,530	84.7	50.8	6,110	100.0	62.2
84.9	88.2	307,600	85.3	87.7	203,790	88.4	83.7
59.6	31.7	106,990	70.9	51.0	48,560	74.0	52.7
104.1	103.3	156,930	79.3	57.9	36,160	136.7	101.6
103.4	135.9	1,880	95.2	150.0	1,110	84.7	160.4
94.0	58.2	1,375,480	100.0	71.9	528,620	99.9	57.9
85.5	20.0	39,480	94.1	30.3	29,950	89.0	12.1
97.5	90.2	49,880	87.3	75.4	8,380	111.8	87.9
74.5	58.7	515,180	75.6	59.6	304,830	78.8	65.5
80.4	64.8	2,339,270	83.1	57.6	1,061,870	87.0	62.1
82.5	64.3	4,942,840	86.9	63.4	2,242,330	89.8	63.3

1AWUは1800時間（=8時間×225日）である。

れがわずかに増加している。こうした事実からCAPは、SSFを含む小規模経営体の持続可能性を高める政策としては機能しておらず、小規模経営体の漸減と大規模経営体への農地集積[34]を導いていると言える。この事態を、農業労働力の推移すなわち農業部門での労働時間の全般的な減少（表4－9を参照）と合わせて考えると、農地は小規模経営体から大規模経営体に移転されているが、農業労働力は農地と同じように移動している訳ではないとわかる。小規模経営体の労働力は非農業部門に排出されており[35]、この傾向は新規加盟国で特に強い。

CAPが設立された頃、原加盟6カ国ではまだ農業人口が多く[36]、彼らが欧州統合に反対しないようにするため、統合の果実を彼らの手に届ける必要があった。CAPは農業部門を統合に包摂する政策として設計され、農業者とりわけ中小規模の家族経営農家にそれ以前よりも高く安定した所得を供給するという事実上の社会保障機能を内包していた（Rieger, 2005, pp. 168-170）。この機能は過剰生産と財政負担を膨らませながらも、またEUと農産物輸出国との対立を激化させながらも維持されてきた。しかし1992年のマクシャリー改革を皮切りに次々とCAP改革が実施され直接支払いおよびデカップルの拡大ならびに農村開発政策の重視へとCAPの方向性が定められた結果、第Ⅰ節と第Ⅱ節で示したように一部の農業者はCAP関連補助金の受給に困難を覚えるようになり、そうした人にとってCAPは社会保障政策を意味しなくなりつつある。

この変化の影響はCAP補助金から排除されやすい小規模経営体とりわけSSFにより強く現れるだろう。ただし小規模ではあるがSSFでない経営体への影響は限定的だと思われる。なぜならその経営者は専業農家として存続するには規模が小さすぎるにもかかわらず自家消費以外の目的で営農しており、それゆえ彼らは十分な非農業所得を獲得していると考えられるからである。表4－10からわかるように、この種の経営体とは対照的な、自家消費を農産物生産の主目的とする小規模SSFは、南欧と中東欧の加盟国（特にルーマニア）に集中している。したがって、CAPが社会保障機能

表4－10　2010年の小規模農業経営体とSSFの数（単位：1,000経営体）

加盟国		農業経営体総数	小規模農業経営体				SSF				
			2ha未満	5ha未満	SOが2,000ユーロ未満	SOが8,000ユーロ未満	総数	2ha未満	5ha未満	SOが2,000ユーロ未満	SOが8,000ユーロ未満
EU15北西部	AT	150	16	46	21	55	0	0	0	0	0
	BE	43	4	9	1	6	0	0	0	0	0
	DK	42	1	1	1	6	0	0	0	0	0
	FI	64	1	6	3	20	0	0	0	0	0
	FR	516	67	129	42	116	20	10	17	7	16
	DE	299	14	26	1	34	0	0	0	0	0
	IE	140	2	10	18	60	0	0	0	0	0
	LU	2	0	0	0	0	0	0	0	0	0
	NL	72	8	19	0	9	0	0	0	0	0
	SE	71	1	8	6	29	0	0	0	0	0
	UK	187	4	13	16	54	0	0	0	0	0
	小計	1,587	119	267	109	388	20	10	17	7	16
EU15南部	EL	723	367	551	236	511	119	117	118	113	117
	IT	1,621	819	1,177	495	995	645	485	592	343	568
	PT	305	152	230	117	237	57	44	55	36	55
	ES	990	270	503	211	538	4	4	4	1	2
	小計	3,639	1,609	2,461	1,058	2,281	825	649	769	494	742
新規加盟国	CY	39	29	34	22	32	20	19	20	16	20
	CZ	23	2	3	1	8	2	0	1	0	2
	EE	20	2	6	5	11	6	1	3	3	5
	HU	577	413	459	359	496	454	367	395	323	424
	LV	83	10	28	39	64	59	9	25	35	51
	LT	200	32	117	97	170	114	24	82	65	109
	MT	13	11	12	5	8	7	6	6	3	3
	PO	1,507	355	823	443	1,007	511	171	373	195	447
	SK	24	9	15	8	18	13	7	11	6	13
	SI	75	20	45	16	51	44	17	37	15	42
	BG	370	295	325	254	340	177	163	171	153	176
	RO	3,859	2,732	3,459	2,717	3,632	3,590	2,608	3,277	2,593	3,438
	小計	6,789	3,909	5,328	3,965	5,838	4,997	3,393	4,401	3,406	4,729
	ROを除く	2,930	1,178	1,867	1,249	2,205	1,407	784	1,124	814	1,292

出典：Davidova et al.（2013）, p.26.
注：この表のデータはEurostat（Farm Structure 2010）に基づく。四捨五入により和と小計が一致しない場合がある。

を回復させない限り、南欧・中東欧諸国はEUに代わって小規模生産者の（より広く考えれば農村の）低所得問題に対する責任をこれまで以上に背負わなくてはならなくなるだろう。

CAPはその社会保障機能を削ぎ落としそれを加盟国に移転しつつある。そもそもCAPは社会保障政策ではないと言ってしまえばそれまでだが、現実にはCAPに社会保障機能を付帯させることがCAP創設以来継続的に承認されてきた。しかしEUは東方拡大と同時期に、規模が小さな農家ほどCAPの社会保障機能を頼りにする度合いが大きいにもかかわらず、彼らのCAP補助金へのアクセスを困難にする改革を実施してきた。CAPからの支援が十分ではない農家に対する追加支援は加盟国が実施せざるをえず、その負担は小規模SSFを多く抱える加盟国に偏在することになる。統合過程への小規模農家の包摂をEUは放棄しはじめた[37]という意味で、CAPの再国別化（renationalization[38]）が生じつつある。

注

（1）ACPとはアフリカ、カリブ海および太平洋に存在するEU諸国の旧植民地を指す。ACPについては第8章を参照。

（2）European Coordination Via Campesina（2012）は、欧州委員会のチオロシュ（Dacian Cioloş）農業担当委員が小規模農家の社会面、環境面および経済面での役割を高く評価すると発言したため大きな希望を抱くことができたが、公表された法案を見ると大きな希望は大きな失望に変わったと記し、CAPにおける小規模農家の扱いに不満を表明している。

（3）2014年からのMFFにおける直接支払いの内容を定めた規則1307/2013（前文66）を参照。この規則は2015年1月1日から適用された。

（4）本書では、2004年以降にEU加盟を果たした国を新規加盟国と呼び、その時点ですでにEU加盟国だった国を既存加盟国、その総称をEU15と表記する。

（5）規則73/2009第126～131条を参照。

（6）単一支払いの対象となる農地は主として耕作地や牧草地であるが、それらに該当しなくても、定期的に刈り取りが実施される雑木林（coppice）や野鳥などの生物の保護のために利用される土地などに単一支払いの受給権が設定される場合がある。詳しくは規則73/2009第2条および第34条を参照。

(7) 単一支払いの受給権は2年間申請されなかった場合ナショナルリザーブに移される。ナショナルリザーブは各加盟国が特定の目的（例えば農場の公平な取り扱いや市場および競争の歪曲の除去など）のために利用できる資金で、加盟国ごとに上限が定められている毎年の単一支払い支給総額の範囲内で捻出される。

(8) 単一支払い額の算出方法についてはEuropean Commission Directorate-General for Agriculture and Rural Development（2014b）を参照。

(9) 2014年について歴史モデル採用国はオーストリア、ベルギー、フランス、ギリシア、アイルランド、イタリア、オランダ、ポルトガル、スペイン、英国（スコットランド、ウェールズ）、地域モデル採用国はマルタ、スロベニア、クロアチア、混合静態的モデル採用国はルクセンブルグ、スウェーデン、英国（北アイルランド）、混合動態的モデル採用国はデンマーク、フィンランド、ドイツ、英国（イングランド）である。マルタ、スロベニアおよびクロアチアを除く新規加盟国は後述する単一面積支払いを採用した。

(10) European Commission Directorate-General for Agriculture and Rural Development（2014a）を参照。

(11) POSEI (Programme d'Options Spécifiques à l'Éloignement et l'Insularité) とは、エーゲ海の小島と、フランスのマルティニク等の遠隔地とを対象とした支援プログラムを指す。

(12)「特殊な形態の農業と高品質生産のための支払い」は2003年CAP改革時の第69条措置（規則1782/2003）に対応する直接支払いで、これを受け継いだ措置がヘルスチェック後の第68条措置である。規則73/2009第68条には、各加盟国に設定された直接支払い総額の上限の10%以下の額であれば、その資金を、環境保全のための措置、農産物の品質や販売可能性を向上させる措置、耕作放棄や不利な条件に対処するための措置などに充てることができると定められている。

(13) モデュレーションについては規則73/2009第7条を参照。なお新規加盟国ではモデュレーションの適用は限定的である（同第10条）ため、ある新規加盟国の中だけで考える場合、直接支払いが規模に対して比例的に支払われるという傾向は弱められない。

(14) 第2章に示したようにウルグアイ・ラウンド（1986～95年）の交渉時にマクシャリー改革（1992年）が実施された後、CAPは4回の改革を経験している（1999年、2003年、2008年、2013年）。

(15) 規則73/2009第4～6条を参照。

(16) 豊（2012）、第3節を参照。

(17) 規則73/2009第14～27条を参照。

(18) IACSにおける統制（control）とは、直接支払いを受け取っているまたは申請した農業者がクロス・コンプライアンスを守っているかに関する加盟国の確認作業を指す。

(19) 最小規模要件の基準の変更に関して、基準値を低く設定して多くの小規模農家に補助金を届けようとする加盟国もあれば、その逆の加盟国も存在する（Thomson, 2014, p. 21）。

(20) 新規加盟国に適用される単一面積支払いの場合、0.3ヘクタール（この数値は1以下の範囲で加盟国が変更できる）に満たない面積の農地に受給権を設定できないが（規則73/2009第124条）、それ以上の面積の農地すべてが支払い対象になるわけではない。なぜなら0.3ヘクタールの農地を保有する農家が保有する農地の総面積が最小規模要件に達しないことも生じるからである（Davidova, 2011, p. 516）。

(21) Davidova et al.（2013, p,13）によればほとんどの直接支払いは規模に基づき、農業者の所得ニーズには基づかないため、彼らの貧困に対処する手段としては効果的でない。

(22) 2013年CAP改革の結果、第一の柱における小規模農家スキームの導入が決まったが、これにも最小規模要件が設定されている（規則1307/2013、第61条1）。

(23) パートナーシップの原則に基づき農村開発政策に関与する団体として加盟国政府によって指定されるものは、経済、社会、環境、その他の分野から選ばれ、また全国レベルと地方レベルの双方から選ばれる。例えば地方政府、労使それぞれを代表する団体、環境保護団体等である。

(24)「この規則で定義される農村開発は、共同体の共同資金負担なしに、加盟国の支援を受けることができる」（規則1698/2005、前文68）との記載が示すように、農村開発政策はそれを定める規則に反しない限り加盟国の資金だけで実施できる。またEAFRDから資金援助を受けた農村開発政策のプログラムに対して加盟国が追加的資金を供給することも認められている。これらはCAPの原則の一つである財政連帯からの逸脱と言える。農村開発政策の国家援助（State Aid）については同規則第88、89条を参照。

(25) 第2章注29にも記したがEU地域政策（2007～13年MFF）では収斂、地域の競争力および雇用ならびに欧州領域的協力という三つの目的が掲げられ、域内の各地域は上記目的の対象地域として指定された。収斂目的の対象地域とは、GDPがEU平均の75%未満の地域（NUTS2）を指す。NUTS（Nomenclature of Territorial Units for Statistics）とはEUを複数の行政区域に分割する方法で、統計データを収集する際に利用される。2015年1月1日からNUTS2013分類が採用され、それに従ってEUはNUTS1レベルの98地域、NUTS2の276地域、NUTS3の1342地域に分割されている。NUTSの詳細は、http://ec.europa.eu/eurostat/web/nuts/overviewを参照。

(26) 遠隔地域とエーゲ海の小島については例外的に、必要資金の最大85％がEAFRDから支出される。

(27) 規模が小さな農家ほど、長期的な契約を結んで将来の臨機応変な対応を不可能にするというリスクを負うことを嫌う（Thomson, 2014, pp. 23-24）。

(28) ルーマニアの状況を描写したスション（2014）は、営農規模の差に由来する農村開発政策の利用に関する差を「自力で耐える自給自足農民とヨーロッパの資金におねだりできる産業的農業経営主との格差」と表現している。

(29) ENRD（European Network for Rural Development: 農村開発のための欧州ネットワーク）とは、規則1698/2005第67条に基づいて設置された2007～13年のMFFにおける、共同体レベルと加盟国レベルの農村開発政策の実践をつなぐためのネットワークである。

(30) 詳細はEUの農場の所得とCAPの影響を評価する機関であるFADN（Farm Accountancy Data Network: 農場会計データネットワーク）のサイト（http://ec.europa.eu/agriculture/rica/methodology1_en.cfm）、およびユーロスタットのAgriculture Glossary（http://ec.europa.eu/eurostat/statistics-explained/index.php/Category:Agriculture_glossary）を参照。

(31) 表4-5のデータ源であるSCARLED（Structural Change in Agriculture and Rural Livelihoods: http://scarled.eu/）とは2007～09年に欧州委員会の資金に基づいて実施されたプロジェクトであり、2004年と07年の新規加盟国からマルタとキプロスを除いた10カ国（特にブルガリア、ハンガリー、ポーランド、ルーマニアおよびスロベニア）における、農業部門の再構築過程と農村の社会・経済の転換とを分析することがその第一の目的である。第二の目的は、東方拡大以前にEU加盟を果たした加盟国（旧東ドイツを含む）の農村における成功体験を分析し、それを先述の10カ国の実践に役立てることである。

(32) SSFが常に小規模であるとは限らないが、生産物の半分以上を自家消費するという定義上その生産基盤は小さいと考えられる。

(33) 小規模農場全般ではなく、SSFではない小規模農場に限定すれば、それが大規模農場よりも多くの公共財を規模当たりで供給していることを示す根拠は存在しないと思われる（Davidova et al., 2013, p. 12）。

(34) スション（2014）によると、ルーマニアでは農地集積の過程で100万ヘクタールほどの農地が海外投資家の管理に移行し、外国資本による投資型農業とその生産物の西欧への輸出が拡大している。

(35) 表4－9はAWU単位で農業労働時間の減少を示しているため、この表だけでは農業部門労働者数の減少を示せない（農業部門労働者の一人当たり労働時間だけが減少している可能性がある)。だが小規模経営体の数が減少している（表4－7）ことからその労働力は非農業部門に排出されてきたと言えるだろう。

(36) 全人口に占める農業労働人口の割合（1950年）は、オランダで17.7%、ベルギーで11.9%、ルクセンブルグで24.7%、フランスで30.9%、西ドイツで23.0%、イタリアで44.4%だった（Rieger, 2005, table7.1)。

(37) 嶋田氏の言葉を借りれば「不要なものは［EUレベルでは］もうやらない」(内田・棚池・嶋田・前田、2007、p. 108)。

(38) 繰り返しになるが序で示したように、CAPの再国別化とは、CAPに関わる意思決定、実施および資金負担のすべてまたは一部の権限が全面的または部分的にEUレベルから加盟国レベルに戻ることを指す。

第5章 EUにおける半自給自足農家向け支援と共同資金負担

EU（European Union）は2004年と2007年の東方拡大により、その加盟国の数だけではなく小規模な農業経営体、特に自家消費を主たる目的として食料生産を実施する農家の数も増加させた。この種の農家、すなわち半自給自足型の農家（Semi-Subsistence Farm: SSF）は中東欧諸国とりわけルーマニアに多数存在し、彼らにどのような支援を提供するかが政策上の論点の一つになっている。

第Ⅰ節では、小規模経営体（SSFを含む）とSSFについて前章で論じたことを簡潔に振り返った後、彼らをターゲットにした政策に関する先行研究を取り上げる。第Ⅱ節ではフランスの1999年農業基本法を参考にして、農業を政策的に支援することがEUでどのように正当化されるのかを見た後、その正当化の論理に沿ったSSF向け支援措置が、EUの共通農業政策（Common Agricultural Policy: CAP）の一部である農村開発政策の中で準備されていることを示す。第Ⅲ節ではそうした支援措置に共同資金負担（co-financing）が適用されることの意味を考える。なお共同資金負担とはEUの政策にかかる費用の一定割合を加盟国が負担することである。これの適用により、財政問題に苦しんでいる加盟国ほど農村開発政策の資金を使いづらいという構造が生まれ、結果的に同政策でのSSF支援措置の効果が弱まるという本章の結論が導かれる。なお本章の記述は前章の内容を基礎としている。

Ⅰ EUの拡大と小規模農家

1　小規模農家およびSSFの定義および機能

小規模農家およびSSFの定義および機能を簡潔にまとめておく。前章で示した内容と重複するため、詳細はそちらを参照されたい。

営農の規模は農地面積または生産額で測定される。小規模とは、農地面積を基準とすれば5ヘクタール未満、生産額を基準とすれば8,000ユーロ未満を指す。極小規模についてはそれぞれ2ヘクタール未満、2,000ユーロ未満である。

次にSSFであるか否かは、営農の主たる目的が自家消費か販売かと一致する。生産する農産物の半分以上をその家計で消費する場合に、営農の主目的が自家消費とみなされる。SSFは次の三種類に分類できる。第一に生存のために自給自足農業を営まざるをえない農家、第二に非農業所得を得ているパートタイム農家、第三に趣味または生活スタイルとして自給自足を選択する農家である。

小規模農家、特にSSFが果たす機能は次の四つである。第一に福祉機能、第二に農業の多面的機能に関する貢献、第三に農村経済全般（非農業部門を含む）における重要な役割の分担、第四に市場での特別な食料（無農薬農産物など）の供給である。

小規模経営体とSSFがEUの中でどのように分布しているのかは前章（表4－10）で示した。それから読み取れるように、南欧諸国と新規加盟国（特にルーマニア）に小規模経営体とSSFは偏在している。

2　SSFをめぐる議論

東方拡大に伴うEU内のSSFの急増によりSSF向け政策に関する議論も増加し、SSFを対象とした政策は必要か、必要だとすればどのような内容にするべきか、誰が実行するべきか[(1)]といった点が論じられるようになった。例えばENRD（European Network for Rural Development: 農村開発のための欧州ネットワーク）の主導で2010年10月にルーマニアで開催された会議のために準備された報告書（ENRD, 2010a）やその会議のプレゼンテーション資料[2]、そして雑誌『ユーロチョイス』（*EuroChoices*, 2014, vol. 13, issue 1）のSSF特集は代表的なEUのSSF研究である。

Davidova（2014）によると、SSFの将来は3種類に分類できる。第一の帰結は消滅である。それは、大規模な商業化された農業経営体による吸収が引き起こす場合もあれば、例えば遠隔地で発生するであろう農地の放棄という形態を取る場合もある。第二の帰結は、より大規模な市場への統合を通じた、SSFの商業化された農場への転換（自家消費のための生産から販売のための生産への転換）である。EUの農村開発政策ではこれがSSFの主たる発展経路として扱われている。第三の可能性はSSFの存続である。非農業部門での賃労働や多角化に基づいた存続の場合もあれば、次世代が他の所得源を有しないために不可避的にSSFとして生活を維持する場合もあるだろう[3]。

SSFの商業化または多角化を地理的表示制度[4]と関連づけた先行研究としてGorton, Salvioni, and Hubbard（2014）がある。これによると、例えばイタリアのように品質スキームへの積極的な関わりのおかげで最終小売価格のかなりの部分が生産者に届くようになった加盟国が存在している一方で、例えばルーマニアのように状況を改善できなかった加盟国もある。一般的に言って地理的表示制度に基づく保護指定は、その名声がすでに広く知れ渡っている生産物の保護には役立つが、それを生み出すためのメカニズムとして機能するとは限らない。Erjavec, Fałkowski, and Juvančič（2014, p. 42）も、地理的表示を利用した付加価値の創出は容易ではないと指摘している。

Thomson（2014）はSSF支援策としてのCAPを否定的に評価している。それによれば、EUの農村開発政策は潜在的には支援策として価値が高いものの、実際にはSSFにとって利用が困難な制度である。なぜならCAPで想定されている経営体は一定規模以上かつ専業の経営体で、それへの支援の主要経路は農村開発政策ではなく直接支払いであるという事情により、そもそも第二の柱は第一の柱よりも基盤が脆弱だからである。また一定規模に達しない農場に農村開発政策の支援を提供しないと加盟国政府が決定する場合があることも、SSFにとっての農村開発政策の価値を下げている。こうした悲観的な見方がある一方で、Rabinowicz (2014) のように、農業と環境を関連づけた支援（これは農村開発政策の一部である）を有望なSSF支援策と考える論者も存在する。

II 小規模SSF支援策と公共財

1 農業支援の根拠――フランスの1999年農業基本法

なぜ農業支援政策は実施されるのかという問いに対する一つの答えは、国民が生きていく上で必要な食料の確保が政府の役割だからというものである。欧州統合との関連で言えば、それが始まった1950年代においてはまだ農業人口が多く、彼らが統合の進展を妨げないようにする必要があったからという理由にも首肯できる。しかし統合が進むにつれて、これらの理由に基づく農業保護には疑問が呈されるようになった。なぜならEUでは多くの品目の農産物が過剰生産状態に陥り、また農業人口も減少しつづけたからである。現在のEUは上記の根拠とは異なるものを基礎に農業保護を正当化している。

現在のEUが採用する農業保護正当化の論理の源流はフランスの1999年農業基本法にある。同法の内容と成立過程は北林（1999a）と（1999b）で詳述されており、ここでもそれらを利用する。

1999年農業基本法の成立過程は、1996年に保守系のシラク大統領が新農業法制定の意向を表明したことに始まる。1997年にシラク大統領が国民議会を解散したために新法制定の作業は一時中断した。それが再開したのは、保守系の政権が倒れ、社会党を中心とした新政権が1997年6月に発足した後だった[(5)]。すなわち1999年農業基本法は、保守系政権がその準備を開始したが、社会党中心の政権が完成させたものである。「左翼は伝統的に家族経営・農業人口の維持を究極目標とし、しばしば『生産主義』とも呼ばれた戦後の近代化路線を批判してきた。そのために、いずれも保守政権の下で制定された1960年、1980年の二つの農業基本法が敷いたフランス農政の基本路線が根本的に見直されることになった」（北林、1999b、p. 53）。この見直しは次のようにも表現できる。シラク大統領が、地球人口の増大を根拠として農産物輸出大国としてのフランスの役割、ひいてはフランス農業の競争力改善を新農業法制定の最優先事項と考えていたのに対して、新政権は「現在の農業政策・農業者援助が、農業者・都市民・EU構成国・世界のパートナーのすべてから激しい批判に曝されており、このままではその存続そのものが危うくなるという認識を背景に、誰に対しても農業者援助を正当化できるように、農業政策（公的介入）の目的と手段を練り直すことを目指した」（北林、1999b、p. 54）。このとき新政権は、多方面からの批判に耐えることができる農業者への公的援助を再構築した上で、フランスがCAP改革の提案勢力になることを視野に入れていた（北林、1999a、p. 48）。

新政権は農業政策の目的として、第一に農業の多様な機能の実現、第二に地域間・農業者間の均衡、第三に契約化を掲げた（表5－1を参照）。ここでは契約化、より具体的には地方経営契約（Contrat Territorial d'Exploitation: CTE）に焦点を当てる。

CTEとは、1999年農業基本法第Ⅰ章に定められた、持続的・多機能的な農業に向けての転換を支持するための自発的な農業者と公権力との間の新たな契約手段であり、同法第一条に記された目標[(6)]を実現するための手段である。CTEという契約の農業政策への導入には、農業者への直接援助を社会全体に正当化すると同時にその配分を適正化するという意図がある。CTEは、農業活動を行うすべての自然人または法人が行政当局（具体的には国の代表者としての県知事）と結ぶことのできる契約である。それは、経営の生産の方向付け、雇用とその社会的側面、自然資源の保全、空間利

表5－1　農業政策の三つの目標（フランス1999年農業基本法）

①農業の多様な機能の実現 　適切に管理された農業は経済・社会・環境に関わる三つの機能を果たす。農業政策はこれらの機能をいずれかに偏重することなく実現するのに貢献する場合にのみ、正当化され、持続可能になる。農業の経済的機能（生産・食料供給機能）は本質的であり、それが公共政策の便益を受けることは当然であるが、農業政策はそれに限られてはならず、環境を尊重する農学的方法の開発を促進し、農村における雇用創出の要因となり、また農業者がすべての市民に対して与えながら市場が報いることのないサービスの生産に報酬を与えねばならない。
②地域間・農業者間の均衡 　農業政策は公的援助が国土全体での農業活動の維持を可能にし、また農業者間で公平に配分されるときにのみ正当化され、持続的に受け入れられる。農業への援助は、現在は生産の後追いだから、それは農学的に最も恵まれた地域に集中し、他の地域は放置され、経済の作用から生じる不均衡を強めるのに貢献している。これが続けば農業者のための介入すべてが非とされるようになる。
③契約化 　農業政策は契約化によって近代化され、透明化されねばならない。契約は、公的援助を、農業者が保有する生産要素に応じて配分する政策から経営で生産される富の成長や国が定める公的目標の達成を目指す農業者が提出する計画の利益に応じて配分する政策への移行を可能にしなければならない。

出典：北林（1999b）、p.55。

用などに関わる約束を含み、経営者によるこのような約束の対価としての国の給付の性質と様式を定める。EUとの調整を経て交付されたCTE実施のための政令（1999年10月13日付）によれば、CTEは経営全体を対象とし、経済・雇用に関する約束（農業活動の創出・多角化、イノベーション、高品質生産の発展など）と、農村空間の整備・開発と環境に関する約束（特に浸食防止、土壌・水・自然・景観の保全）の双方を含まなくてはならない。このようにして、農業経営は地方の経済的・社会的・環境的要請に応えるように導かれる（北林、1999b、pp. 58-60）。

　簡潔に表現すれば、農業補助金の受給者とは、農業が多面的な機能を果たすことを前提に、社会が要請する有形無形の農業関連財を供給することを約束し実際にそれを行う人のことである。多岐にわたる社会的要請に応えることが補助金の正当化の中核を成している。

この発想はCAPの中にも取り入れられている。例えばクロス・コンプライアンス(7)というCAP補助金の受給に関するルールは、EUまたはEU加盟国が定めた環境関連の法律を守らない農業者がCAP補助金のすべてまたは一部を受給できないことを定めている。EUは環境保護という社会的要請を蔑ろにする農業者を、CAPの補助金体系に組み込まないことにより、CAP補助金の正当化を図っている。

2　SSF支援策と農業関連公共財の供給

ここではSSF支援策としてのCAPを論じる。前章で見たように、CAP第一の柱の根幹である直接支払いはSSFへの支援策としてはあまり効果的とは言えない。これに対して第二の柱すなわち農村開発政策は、格差縮小を目的とする構造政策の流れを汲んでいることもあり、零細農家にとって望ましいと思われる措置を含む。なかには営農規模が小さくなければ利用できない措置もある。

前章の表4－3からわかるように、農村開発政策で実施される措置は、第一に競争力強化や商業化奨励など食料生産者・販売者としての農業者を支援する措置、第二に環境と農村空間の保護者としての農業者を支援する措置、そして第三に農村の生活の質を向上させるために非農業部門でも貢献する農業者を支援する措置に分類できる。これらの中でSSFの支援策として注目されてきたのは第二の措置、すなわち環境保護者としての農業者の支援策である。その理由は二つある。

第一の理由はフランスの1999年農業基本法成立（すなわちCTEの導入）以後の農業保護の論理に由来する。21世紀に入ってからの一連のCAP改革の過程で、社会から要請されるものを提供する対価として財政資金を受け取ることができるという、CTEに見られる契約の論理はますます前面に押し出されている。その意味で環境保護を根拠とした農業支援政策は今後も活用されるだろう。実際、2014～20年多年度財政枠組み（Multiannual

Financial Framework: MFF）の農村開発政策の目的の一つとして自然資源の持続可能な管理を確実に実施することが挙げられている（農村開発政策を規定する規則1305/2013第4条[8]）。

第二の理由は、前節ですでに述べたが、SSFは混合農業を実践している場合が多く、環境の観点から価値の高い農業関連公共財[9]を供給するからである。わずかな種類の農産物しか生産しない商業的農場と比較して、より低い効率でしか食料を生産できないSSFはより多くの農業関連の生物多様性を生み出しているため、公共財供給を根拠とした支援策はSSF向け措置として効果的だと考えられた。

さて次節に入る前にここまでの議論を整理しておこう。EUは東方拡大を通じて多数の小規模農家とSSFを抱え込むことになった。彼らへの支援の提供が期待されるが、過剰生産時代を経たEUでは単なるカロリー生産者としての農業者への補助金支給はもはや正当化されない。それが正当化されるのは、農業者が社会から生産を要請される財（その一つが食料であり、環境や農村空間という公共財もそれを構成する）を供給した場合のみである。SSFは、食料生産を通じて社会の要請に応えることが難しい[10]のに対して、生物多様性の維持などの農業関連公共財の供給という点では大規模な商業的生産者よりも高い水準で社会的要請に応えることができる。したがって環境に配慮した農的実践の継続を約束したSSFを、税金に由来する資金、例えば農村開発政策の基金であるEAFRD（European Agricultural Fund for Rural Development）で支えることはSSFにも社会にも利益を与えることになる。

Ⅲ 農村開発政策の共同資金負担について

本節では地域政策と同様に農村開発政策でも適用されるEUの資金援助のルールすなわち共同資金負担の意味について論じる。このルールに従えばEAFRDの資金で賄われるのは必要資金総額の一部に過ぎず、加盟国のアクターも一定割合の資金支出を義務づけられる。加盟国の負担割合は、資金援助を受ける地域の経済状況や実施する措置によって変わる。

すでに述べたように農業関連公共財を供給する農業者[11]がEUの農村開発政策を通じて支援を受け取る。公共財の供給と補助金の受領という一連の手続きに、農村開発政策の実施に関わるルール[12]（補足性、パートナーシップ、共同資金負担）はどのように関わっているのだろうか。

公共財の例として農家による持続的な生物多様性の維持を考えよう。ある村落の農家が環境に配慮した営農を長期間継続すれば多様な動植物がそこを住処とし生物多様性という公共財が生み出されることになる。それが生み出す便益は誰かが享受した瞬間に消滅するわけでも減少するわけでもない。また村落への立ち入りを制限でもしない限り、その便益を享受できないように誰かを排除することもできない。したがって公共財の消費が独立した個人によってなされるとき、フリーライダーが生まれる可能性を消すことはできず、生物多様性を供給する農家はその費用を十分には回収できないかもしれない。それゆえ持続的な生物多様性の維持を実現するためには政府の一定の関与が必要になる。

農村開発政策でのEUによる関与の最大の効果は資金規模に現れる。EUの関与があれば加盟国が単独で政策を実施する場合よりも政策資金が増加するため、より多くのそしてより多様な農業関連公共財が供給される可能性が高まる。ただし農村開発政策がEU資金に基づくとしても、EUだけが政策実施の責任を担う訳ではない。補足性の原則があるために政策の実施を主導するのはEUから支援を受ける加盟国と地域であり、パートナーシップに則り当該地域内の様々なアクターが農村開発政策の内容に関与することになる。それゆえ持続的な生物多様性の維持に代表される農業関連公共財がどのような状況で存在してきたかについての、例えばそれの質、量、分布および消費の方法についての一定期間にわたる情報を利用して政策が進められる。これは公共財の需要量を決定できる[13]ということを意味するが、これに関連して共同資金負担が効果的に機能することになる。

共同資金負担とは必要資金総額の一定割合を加盟国が負担することである。このルールがなければ、つまりEUがすべての費用を負担するとすれば、費用を負担しなくてよい加盟国が必要以上に公共財を購入するという無駄が生じるであろう。加盟国が共同資金負担に則って支払う金額はその国における公共財の需要量の指標となる。加盟国は費用負担をEUと共有することにより、社会的に合意可能な水準に需要を定めることができる[(14)]。共同資金負担は農村開発政策が生み出す公共財市場における需要量の調整機能を有していると言える。

しかしこれが理想的に機能するのは、公共財需要の増大が期待される場合でも、財政資金が潤沢で必要資金を捻出できる加盟国においてのみである。そうでない加盟国は公共財の需要を、すなわち社会的要請に応えて農業関連公共財を供給する農業者への支援を、一部断念せざるをえない[(15)]。

たしかに政府が資金不足によってある政策の実施を諦めるという事態はどの国においても起こりえる。しかし農業政策が共通政策として実施されているEUにおいて、しかもCAPが財政の連帯をその原則の一つとしているにもかかわらず、農業者が農村開発政策の支援を存分に享受できる加盟国が存在する一方で、共同資金負担への十分な財政資源の割り当てが難しいほどに財政状況が厳しく農村開発関連予算を利用できない加盟国も存在するという事態が生じれば、それは問題視されてよい。

共同資金負担は、公共財に対する需要の指標として機能すると同時に、加盟国財政の逼迫度合いを浮かび上がらせる役割も果たす。

Ⅳ おわりに
——加盟国は農村開発政策を等しく利用できるか？

農村開発政策に含まれる環境と農村空間の保護者としての農業者への支援措置は、SSFの特性と整合的であると考えられ、SSF支援策として効果的に機能すると評されてきた。しかしそれは共同資金負担というEU共通のルールに従わなくてはならないために、それがどの程度の支援を提供できるかは、共通政策であるにもかかわらず加盟国の財政状況に左右されてしまう。財政問題に苦しんでいる加盟国ほどEUの支援を利用しやすいという構造ではなく、むしろそうした国ほど農村開発政策の資金を使いづらいという構造の中で、環境保護者としてのSSFはCAPの支援を求めることになる。

CAPの社会保障機能が加盟国に移転されるという意味で再国別化が進行しているとの結論を前章で得たが、資金負担の責任の移転が与える影響は、共同資金負担が採用される場合には、各国の財政状況に応じて不均等に広がっていく。

注

（1）EUのSSF問題に関する論者の一人ダビドヴァ（Sophia Davidova）は、SSFは偏在しているのだからそれを抱える中央・地方政府以外にこの問題を扱うべき政府はないと論じる者もいるが、EUの結束政策の伝統からも、それを強化したEurope 2020が内包的成長を強調していることからも、この問題はEUが取り組むべき課題であると述べている（Davidova, 2011, p. 504）。この主張ではSSF対策が農業政策の一環としてというよりもむしろ結束政策の一環として位置づけられている。SSFは農業経営の一形態であり農業支援はEUの共通政策であるCAPの構成要素であるからSSF対策はEUで取り組まれるべきだという主張ではないという点でダビドヴァのこの主張は際立っている。

（2）ENRD（2010a）と同じサイトから入手可能。

（3）ルーマニアとブルガリアでは、EU加盟後に第一の帰結（SSFの消滅）と第二の帰結（SSFの商業化）が生じると予想されていたが、実際にはSSFは残りつづけている（Hubbard et al., 2014）。

（4）地理的表示制度とは、多様な農業生産の支援、生産物の名称の誤用および偽造の防止ならびに特徴ある生産物の情報の消費者への伝達の支援を目的とした制度である。EUはPDO（Protected Designation of Origin: 保護された原産地呼称）、PGI（Protected Geographical Indication: 保護された地理的表示）、そしてTSG（Traditional Speciality Guaranteed: 保証された伝統的特産品）という3種類の認証を設けて、質の高い農産物と食品の名前の保護と普及を図っている。PDOの対象は、認定されたノウハウを用いて特定の地域内で生産、加工および製品化がなされた農産物と食品である。それに対してPGIは、特定の地域と緊密に結びついた農産物と食品を対象としており、生産、加工および製品化のうち少なくとも一つの工程が当該地域内で実施される必要がある。TSGの対象となるのは生産物が伝統的な要素で構成されている場合と伝統的な生産方法が採用されている場合である。欧州委員会のサイト（http://ec.europa.eu/agriculture/quality/schemes/index_en.htm）を参照。

（5）新政権による1999年農業基本法草案の練り直しは1997年10月から開始された。

（6）1999年農業基本法における農業政策の目標には、農業での自立、農業者の生産条件・所得・生活水準の改善、国内市場・共同体市場・国際市場の需要に応える農産財の生産など、従来通りの目標に加えて、山岳地域における農業活動実行のための条件の維持、自然資源・生物多様性・景観保全、農村空間の全利用者のための一般的利益のある活動の追求、農産物の販売促進および品質・識別政策の強化など、農業の多機能性に関わる目標が含まれている（北林、1999b、p. 57）。

（7）クロス・コンプライアンスについて、第3章第Ⅱ節を参照。

（8）2013年CAP改革の最大の特徴の一つは直接支払いのグリーニング、すなわち環境面の重視であることから、EUは今後も農業保護と環境のリンクを強固にしていくと考えられる。

（9）農業関連公共財についてはENRD（2010b）を参照。

（10）ファーマーズマーケットなどで独特の価値を持った農産物（例えば無農薬農産物やその地域でしか生産できない農産物など）を供給することにより、食料生産を通じた社会的要請への貢献をなすSSFも存在している。

（11）EUの農業保護の論理は、食料生産を生業とする農業者が副産物として農業関連公共財も生産してしまうという発想に今では基づいておらず、むしろ食料かつ・または農業関連公共財を生産する主体として農業者を位置づけている。それゆえEUでは食料の生産量がゼロの農業者もクロス・コンプライアンスなどの条件を満たしている限り補助金を支給される。

（12）第4章第Ⅱ節1を参照。

（13）公共財の需要量を決定できるという表現が意味するところは、公共財の便益と費用負担について当事者の政治的妥協が成立しえるということである。

（14）第4章注24にも記したが、EAFRDから資金援助を受けた農村開発政策のプログラムに対して加盟国が追加的資金を供給することが認められているため、EUから割り当てられた農村開発政策の予算を使い切っても公共財の需要を満たせない場合、加盟国の財源で追加需要を創出することが可能である。

(15) 2014～20年MFFのCAPでは、第一の柱と第二の柱のいずれか一方の予算の一部を他方に移転することができるようになった。移転可能な額の上限は、直接支払いの1ヘクタール当たりの水準がEU平均の90％に満たない加盟国では25％、それ以外では15％である。財政状況が厳しく共同資金負担に伴う財政支出を減らしたい加盟国にとって、この柱相互間の予算移転、すなわち共同資金負担が課される第二の柱のEU予算の、それが課されない第一の柱への移転という措置は魅力的かもしれない。平澤（2014、pp. 41-42）を参照。

第6章 EUの困窮者向け食料支援プログラムの導入

ベルギーの新聞、LaLibre（2012年9月24日付）によれば[1]、2011年に117,440人のベルギー人が、食料配給に携わる629の慈善団体を通じてフードバンク[2]に助けを求めた。ベルギーフードバンク協会によるとこの人数は前年と比較して2％増で過去最高の数字であり、増加の原因は金融危機にある。2011年にベルギーのフードバンクは3,677万ユーロに相当する食料、13,385トンを配った。この食料の55.5％はEU（European Union）の困窮者向け食料支援プログラム（Food Distribution Programme for the Most Deprived Persons: MDP[3]）を源泉とするもので、その他の部分は食品産業と流通業者が提供した。この報道によるとベルギーフードバンク協会を悩ませる要因はいくつかあるがその一つはMDP向けEU予算が2014年以降減額されるかもしれないということだった。

本章は次章の基礎となる部分でありMDPの導入（1988年）の経緯と導入直後の実施状況を描く。まずMDPを成立させた二つの規則（3730/87[4]と3744/87[5]）の内容を確認し、次にMDP導入直後の2年間の実施状況に関する欧州委員会の報告書（Commission of the European Communities（CEC），1991b）を利用してMDPがどのように出発したかを示す。これらの作業を通じて、MDPは共通農業政策（Common Agricultural Policy: CAP）の枠組みの中できわめて小さい規模でありながらも欧州経済共同体（European Economic Community: EEC）を覆う社会保障政策として機能していたことを明らかにする。

I MDPの導入時の枠組み

1 MDPが正式に発足するまでの経緯

MDPは二つの規則に基づいて1987年12月に正式に開始された。それ以前の経緯はCEC（1991 b, p. 2）のイントロダクションに詳しい。それによれば1970年代末から1981年までの間、EECにおける農産物の介入在庫の水準は安定し問題とはならなかった。しかし1981年以降、毎年それが深刻な増加を示した。1986年になると在庫水準は80年代初頭の5倍に達し、その価値は介入価格で計算して約100億エキュに相当した（表6－1を参照）。1986年、欧州議会は調査委員会を立ち上げ、介入在庫農産物の管理や処分についての調査を開始した。調査委員会は報告書(6)の中で介入在庫農産物に

表6－1　介入在庫農産物の量と額の推移

年	穀物		オリーブ油		牛肉		バター		4品目の合計	
	千トン	100万エキュ	千トン	100万エキュ	千トン	100万エキュ	千トン	100万エキュ	千トン	100万エキュ
1977	1,695	222	49	68	471	1,062	142	318	13,866	1,671
1978	1,964	269	105	141	327	734	258	596	14,229	1,741
1979	2,676	442	53	91	333	867	293	836	15,073	2,236
1980	6,686	1,124	74	128	363	960	147	420	17,200	2,632
1981	4,468	783	140	252	240	661	14	40	10,974	1,737
1982	9,668	1,787	181	356	246	727	139	442	9,092	3,312
1983	9,542	1,896	121	263	432	1,417	686	2,400	31,891	5,976
1984	9,394	1,913	167	385	655	2,322	973	3,480	41,851	8,101
1985	18,648	3,646	75	172	904	3,168	1,018	3,255	55,563	10,241
1986	14,717	2,773	283	644	775	2,667	1,297	4,063	56,845	10,147
1987	10,513	1,773	311	673	856	2,944	888	2,782	32,150	8,172
1988	9,939	1,676	349	755	647	2,225	101	317	28,293	4,974
1989	8,607	1,409	131	283	182	625	22	66	14,043	2,382

出典：CEC（1991 b), table 1.
注：在庫量は各年の大晦日の数量。価格はその年の介入価格で換算。4品目の合計量を算出するに当たり、穀物1、オリーブ油12、牛肉19、バター18.5の比率を用いた。

関わるいくつかの計画を推奨し、社会的性格を持った在庫処分方法（他の方法よりも費用が高くなったとしても欧州の消費者に恩恵が与えられる方法）に高い優先順位を与えることを支持していた。

EECにおける、社会的目的に結びつけられた介入在庫農産物の無償提供は、1987年まで魚ならびに生の果物および野菜などごくわずかな種類の食品で実施されてきた。それはこうした腐りやすい種類の食品が介入のために買い上げられた場合に限られていた。

この状況が大きく変わったのは1987年初頭のことである。そのきっかけを作ったのは在庫が過剰になったことと、1986年から1987年にかけての冬がきわめて寒かったことである。これら二つの要因により、困窮者への新たな緊急食料支援措置が導入され、様々な食料が介入在庫と市場から動員された。それらはEECの困窮者に食料配給を行う団体に無償で一定期間提供された。この措置にかかった費用はEECにとっても配給を実施した団体にとっても大きなものだった。しかしこうした措置は緊急時にのみ行われるのではなく継続的にEECによって実施されるべきであるとの声が数多く発せられた。

1987年10月、欧州委員会は1986/87年の冬に適用された困窮者支援プログラムについての報告書を公表し、その後の活動について提案を行った（COM（87）473 final）。特に慈善団体と加盟国が同プログラムから得た経験に配慮した上で同報告書が提案したことは、配給に関与することを加盟国に認められた団体を通じて困窮者に介入在庫農産物を無償で提供することを目的とするEECレベルの政策手段の導入だった。この提案は欧州議会と理事会の双方から好意的に受け止められ、MDPの出発の道を開いた。

困窮者支援のための介入在庫農産物の放出は困窮者を助けるだけではなく、CAPが抱えた困難すなわち農産物の過剰生産に由来する莫大な介入在庫の処理にも貢献するという事実により、MDPは正式にCAPの一部を構成することになった。

2　MDPを発足させた二つの規則

発足時のMDPを形作るものは規則3730/87と規則3744/87で、前者はルールの概要を、後者は詳細を規定している。前者に従えばMDPの概要は次の4点にまとめられる。第一に加盟国にとってMDPへの参加は義務ではなく選択可能なものである[(7)]。第二にMDPに参加する加盟国は困窮者に食料を配る団体を指定する。その団体は困窮者への食料配給のために介入在庫食料を無償で入手する。ただし会計上、介入在庫から放出される食料の価格は介入価格とする[(8)]。第三に上記指定実施団体は困窮者に食料を配るが、食料配給手続きにかかった費用のうち指定実施団体が負担していると正当化できる部分に相当する金額を、配給食料の価格とすることができる。第四にMDPを実施するための支出は農業市場の安定化の支出とみなされ、一定額を上限として欧州農業指導保証基金（European Agricultural Guidance and Guarantee Fund: EAGGF）の保証部門の予算で賄われる。

次に規則3744/87にしたがってMDPの年次計画策定の流れを確認しよう。MDPは暦年を1年度として運営される。まず2月末までに各加盟国はMDPの実施に必要な各農産物の数量（単位はトン）を欧州委員会に届け出なくてはならない。それを受けて欧州委員会は3月末までにMDPの年次計画案を策定する。それには利用可能な介入在庫農産物およびその保管場所のリストの作成ならびにそれの加盟国への送付が含まれる。その後加盟国は8月末を期限として次の五つの情報を欧州委員会に提供する。第一に介入在庫から受け入れる農産物の1カ月当たりの量と、それを受給者に配給する期間（大まかな予定でよい）である。第二に食料がどのような形態で受給者の手に渡るかに関する情報であり、介入在庫農産物が加工されたり商業ベースで交換されたりする場合には、その過程が示されなくてはならない。第三に受給基準[(9)]、第四に受給者から代金を取る場合には配給される食料の代金、第五に受給者が食料の調理や配給に関わる場合にはその関与の方法および程度である。

欧州委員会は加盟国からの情報に基づき、利用可能な予算を考慮して年次計画を採択する。その時期はたいてい年末になる[10]が、その理由はCAP予算を含むEEC予算が通常12月に確定し、その後になってMDPの年次計画が確定するからである。年次計画採択時には、利用可能な予算のうちどれだけの額を介入在庫農産物の域内輸送の費用[11]に充てるかも確定させる[12]。

採択された年次計画には、各加盟国で分配するために介入在庫から放出される生産物の量が品目ごとに記されているが、どの加盟国にどれだけ提供されるかは各加盟国に居住する困窮者数にしたがって決められる。また困窮者に配られる食料[13]は規則3744/87第1条により三種類に分類されている。それらは第一に介入在庫から放出された農産物、第二に介入在庫農産物を加工して得られる食料、そして第三に介入在庫農産物を対価とする商業ベースでの交換によって得られる食料[14]（ただし、その主成分は介入在庫から放出された農産物と同種のもの）である。

ここまでが1987年にMDPを発足させた二つの規則の内容であるが、その一方である規則3744/87は1988年に二つの点で修正を加えられている。

第一の修正は先行スタートという措置の導入である（規則3315/88に基づく)。先行スタートとは、EEC予算が確定せず本来ならばMDP計画を実施するには早すぎる時期においても、介入在庫農産物の一部を加盟国に渡すことを認める措置である。この措置に基づいて提供される介入在庫農産物の上限量は、その加盟国が前年にMDPで受け取った量の50%である。この便宜的措置に対して、予算の正式な議決の前に政策は実施されないという原則を軽んじているとの批判がある。しかしそれでも欧州委員会はこの措置の継続を次の二つの理由で支持している。第一の理由は予算の承認の前に困窮者に支援を提供できることである。もう一つの理由はこの措置を適用することにより在庫費用の減少が見込まれるからである。予算のルール上、8月末までに放出された在庫はその年の予算で賄われるが、10月に入ってからのそれは翌年の予算に結びつけられるため、もしもこの措置がなければ、10月から予算の正式承認までの期間にMDPの枠組みで在庫農産物が引き出されることはない。つまり、この便宜があることにより同期間に在庫が減少し、その費用を減少させる可能性が生まれる（CEC, 1991 b, p. 8）。

第二の修正は商業ベースでの交換に関するルールの緩和である（規則4059/88に基づく）。これにより介入在庫農産物を提供した対価として得られる食品の選択肢が拡大された。例えば冷凍された巨大な牛肉の塊の対価として缶詰の肉を入手することや、一箱25 kgのバターを消費に適した大きさに分けられたチーズや牛乳に商業ベースで交換することが可能となった（CEC, 1991 b, p. 3）。

Ⅱ MDPの最初の2年間について
——CEC（1991b）を利用して

1988年と1989年にMDPがどのように実施されたかを、CEC（1991 b）を利用して確認していく。最初に全般的な実施状況を確認し、次に各加盟国（特にスペインとフランス）の状況に目を向ける。なお1988～89年についてEEC加盟国は表6－2に記載された12カ国で、そのすべてがMDPに参加した。

1 1988年のMDP(15)

1988年は初年度ということもありMDPの実施に関して必要な情報がなかなか集まらないという困難が発生したものの、1987年12月12日から1988年6月15日の間に欧州委員会が17の決定を策定した後、1988年度MDP年次計画（当初案）が作成された（表6－2を参照）。

当初案に記載された配分予定額は8,738万エキュで、同年の利用可能額の上限である1億エキュに達していなかった。その理由は二つある。第一に各加盟国への配分限度額は困窮者の割合を基準として決められるが（図6－1を参照）、いくつかの加盟国が限度額未満の要求しか行わなかったからである。第二の理由は、限度額1億エキュのうち300万エキュを別の目

表6－2　1988年MDPにおける資源配分（年次計画作成初期時点）

加盟国	配分量 100万エキュ	軟質小麦 トン	デュラム小麦 トン	バター トン	牛肉 トン	オリーブ油 トン	開始日	関連する決定
BE ベルギー	1.28	225		160	148		1988年1月6日	88/133, 88/70
DE ドイツ	7.30			2,331			1988年2月24日	88/135
DK デンマーク	0.40			20	80		1987年12月21日	88/68, 88/268
EL ギリシア	1.90				700		1988年3月21日	88/191
ES スペイン	20.10		2,200	1,000	4,600	1,340	1988年2月29日	88/144
FR フランス	16.35	2,050	4,850	1,300	3,100		1987年12月15日	88/596, 88/134
IE アイルランド	2.35			24	500		1988年2月24日	88/137
IT イタリア	15.90		15,000	450	3,300	450	1988年2月24日	88/136
LU ルクセンブルグ	0.10	30		20	10		1988年1月7日	88/132, 88/37, 88/145
NL オランダ	1.00			150	300		1987年12月28日	88/69
PT ポルトガル	5.70	650	350	350	1,550		1988年3月17日	88/190
UK 英国	15.00			3,000	2,000		1988年4月5日	88/326
合計	87.38	2,955	22,400	8,805	16,288	1,790		

注：トンで示された数量は目安となる総量であるのに対して、エキュを単位とする配分量は絶対的な上限を指す。
引用者注：配分量の合計額は87.38が正しいが、原典では87.88となっている。　出典：CEC（1991b), table2.

表6－3　1988年MDPにおける資源配分（年次計画最終決定）

加盟国	配分量 1,000エキュ	軟質小麦 トン	デュラム小麦 トン	バター トン	牛肉 トン	オリーブ油 トン	開始日	関連する決定
BE	1,296.0	300		160	148		1988年1月6日	88/500, 88/133, 88/70
DE	7,300.0			2,331			1988年2月24日	88/135
DK	400.0			20	80		1987年12月21日	88/68, 88/268
EL	4,060.0				1,400		1988年3月21日	88/500, 88/191
ES	21,960.0		2,200	1,400	4,600	1,700	1988年2月29日	88/500, 88/144
FR	18,555.0	3,000	6,000	1,650	3,300		1987年12月15日	88/500, 88/596, 88/134
IE	3,688.0			24	850		1988年2月24日	88/500, 88/137
IT	17,910.0		15,500	450	4,000	450	1988年2月24日	88/500, 88/136
LU	87.5	30		20	10		1988年1月7日	88/500, 88/37, 88/145
NL	1,000.0			150	300		1987年12月28日	88/500, 88/69
PT	5,700.0	650	350	350	1,550		1988年3月17日	88/190
UK	15,000.0			3,000	2,000		1988年4月5日	88/326
合計	96,956.5	3,980	24,050	9,550	18,238	2,150		

出典：CEC（1991b), table4.
注：トンで示された数量は目安となる総量であるのに対して、エキュを単位とする配分量は絶対的な上限を指す。

図6－1　加盟国の困窮者数に基づくMDPにおける資源配分のシェア（%）

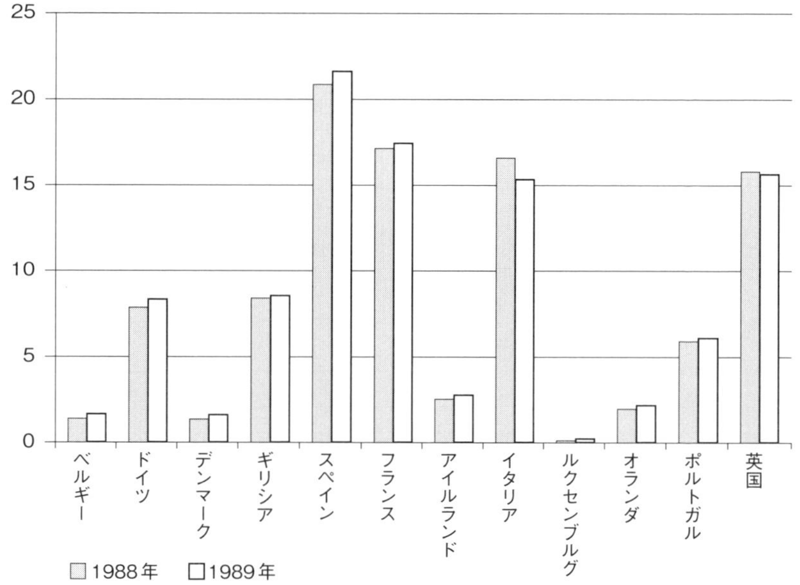

25
20
15
10
5
0

ベルギー　ドイツ　デンマーク　ギリシア　スペイン　フランス　アイルランド　イタリア　ルクセンブルグ　オランダ　ポルトガル　英国

1988年　1989年

出典：CEC（1991b), table3, table8 に基づき筆者作成。
注：ルクセンブルグの値は、0.1%（1988年）と0.05%（89年）である。

的に充てることが決められていたからである。別の目的とは在庫農産物の輸送および為替リスクのへの対処（為替変動が原因でMDPの必要資金総額が想定を上回る場合に対する備え）の二つである。

1988年7月22日、欧州委員会は各加盟国への配分総額を1億エキュに近づけるため、追加的に配給を受けたい食品の数量と、すでに提供されたが利用しない食品の数量を通知するよう各加盟国に要請した。9月12～16日に大半の加盟国から回答が寄せられ、欧州委員会は9月22日に最終的な配分額を決定した(表6－3を参照)。それはほぼ1億エキュとなった。なお各国で利用可能だった介入在庫農産物については表6－4（a・b）を参照。

1990年9月のEAGGF勘定をみると、1988年度MDPにおいて各国が配分

表6－4－a　MDPのために各加盟国で利用可能な介入在庫（牛肉）

加盟国	骨付き牛肉								骨なし牛肉	
	前四分体				後四分体				前四分体	後四分体
	ストレート・カット			ピストラ・カット	ストレート・カット			ピストラ・カット		
	リブ10本	リブ8本	リブ7本	リブ5本	リブ6本	リブ5本	リブ3本	リブ8本		
BE		○				○		○	介入在庫なし	
DE		○		○		○		○	○	○
DK		○		○		○		○	○	○
EL	介入在庫なし									
ES		○		○				○	介入在庫なし	
FR	○			○			○	○	○	○
IE	○			○			○	○	○	○
IT		○		○		○		○	○	○
LU	介入在庫なし									
NL		○		○						
PT	介入在庫なし									
UK	○			○			○	○	○	○

出典：CEC（1991b), table5.

表6－4－b　MDPのために各加盟国で利用可能な介入在庫（牛肉以外）

加盟国	バター	オリーブ油	小麦	デュラム小麦	ライ麦	スルタナと干しぶどう
BE	○		○	○		
DE	○		○		○	
DK	○		○			
EL						
ES	○	○	○	○		
FR	○		○	○		
IE	○					
IT	○	○		○		
LU	○		○			
NL	○					
PT		○				
UK	○		○			

出典：CEC（1991b), table5.

表6－5　1988年MDPの各加盟国の実施状況（各国通貨建て）

加盟国	予算配分額	実施済み額	履行率（%）
BE	55,973,592.00	55,973,590.00	100.0
DE	15,055,009.00	14,579,960.59	96.8
DK	3,178,708.00	2,949,023.76	92.8
EL	667,776,620.00	189,687,888.00	28.4
ES	3,092,736,600.00	3,051,888,159.00	98.7
FR	129,498,499.35	124,206,852.22	95.9
IE	2,869,831.95	2,869,831.95	100.0
IT	27,238,065,300.00	27,238,065,300.00	100.0
LU	3,779,081.00	2,982,262.00	78.9
NL	2,320,000.00	1,926,624.75	83.0
PT	965,973,300.00	904,085,313.60	93.6
UK	10,421,130.00	9,960,364.01	95.6

出典：CEC（1991b), table6.
注：1990年9月のEAGGF勘定の記録による。

額のどの程度を予定通り利用したか（履行率）がわかる（表6－5を参照）。このデータが示すように、全般的にみて提供された食品の大半が利用され、たいていの国では90％以上の履行率を記録した。ただしルクセンブルグとオランダのそれは約80％、ギリシアのそれに至っては30％に達しなかった。この状況に関して欧州委員会は、受け取った農産物を高い履行率で利用した加盟国とその国の指定実施団体はかなりの努力を払い行政上の技術を活用したと考えられるのに対して、あまり成功とはいえない加盟国は初年度の結果だけを理由に批判されるべきではない、という見解を示している。

2　1989年のMDP(16)

前年には初年度特有の困難（例えば決定の策定に伴う困難）に直面したが、2年目である1989年には欧州委員会は円滑にMDP予算1億5,000万エキュ（輸送費用300万エキュを含む）を12加盟国に配分できた。その詳細を表6－6と表6－7によって示す。

表6－6　1989年MDPにおける資源配分（年次計画最終決定）

加盟国	配分量 1,000エキュ	軟質小麦 トン	デュラム小麦 トン	バター トン	牛肉 トン	オリーブ油 トン
BE	2,219	550			800	
DE	12,077			3,875	100	
DK	2,035			70	550	
EL	12,374				3,000	
ES	31,671	17,250	4,600	2,875	3,450	4,025.0
FR	25,520	4,500	6,000	2,300	4,200	
IE	3,833			50	1,450	
IT	22,447		8,500	850	5,500	850.0
LU	110	30		25	20	
NL	3,015			300	600	
PT	8,797	750	550	500	2,300	1,087.5
UK	22,902			4,075	2,975	
合計	147,000	23,080	19,650	14,920	24,945	5,962.5

出典：CEC（1991b), table7.

注：この配分は決定89/19（*OJ L*8, 11.01.1989）による。1989年2月24日、配分された予算の範囲内での牛肉の追加配分がドイツから要請された。1990年3月3日、配分された予算の範囲内でのバターと牛肉の追加配分がポルトガルから要請された。

表6－7　1989年MDPの各加盟国の実施状況（各国通貨建て）

加盟国	予算配分額	実施済み額	履行率（%）
BE	96,809,422.50	96,804,915.00	100.0
DE	25,129,338.52	14,639,934.89	58.3
DK	16,337,509.10	2,800,841.20	17.1
EL	2,144,364,704.00	1,906,286,500.00	88.9
ES	4,177,911,636.00	4,169,028,037.00	99.8
FR	181,364,770.40	180,809,060.66	99.7
IE	2,984,615.28	2,633,604.70	88.2
IT	34,376,009,210.00	33,708,729,812.00	98.1
LU	4,799,025.00	4,465,183.00	93.0
NL	7,081,963.65	5,576,892.26	78.7
PT	1,507,814,597.00	1,292,821,844.80	85.7
UK	14,745,109.17	14,077,615.98	95.5

出典：CEC（1991b), table6a.

注：1990年9月のEAGGF勘定の記録による。ドイツでは880万マルクの余剰が発生していたが、この事実は予算の再配分措置に間に合う期日までに欧州委員会に知らされなかった（CEC, 1991b, p.6)。これを考慮すれば、ドイツの実施割合は93.3%に上昇する。

1989年MDPの特徴を3点挙げておく。第一に1989年MDPでは介入在庫から各加盟国に放出されるバターと牛肉の量は在庫総量の一定割合という形式で決定され、バターについては在庫総量の42%、牛肉については19%とされた（表6－8を参照）。このような措置が執られた理由は1989年のこれら2品目の在庫量が低水準だったからである(表6－1を参照)。必要量によってではなく在庫量によって配給量が決まるというこの事実が、MDPは社会政策ではなく農業政策の一部だということを明確に示している。

第二に各加盟国が受け取る介入在庫農産物の量は1988年と同様その国に居住する困窮者数に基づいて算出された（図6－1を参照)。ほとんどの国では大きな変動が見られなかったがルクセンブルグだけは例外で、困窮者数の割合が大幅に減少し約半分になった(技術的理由による)。それゆえ本来であればルクセンブルグが受け取る介入在庫農産物の量も減少するはずだが実際にはそうした措置は実施されなかった。ルクセンブルグへの絶対的配分額が小さいため他の加盟国への実質的影響は生じなかった。

第三に表6－7から分かるようにドイツとデンマークの履行率が低く、それぞれ58.3%、17.1%と記録されている。これらの国に未利用の食品があるという情報を欧州委員会が早い時期に入手していれば、履行率を高めることができたと考えられる。

1988年と1989年のMDPのまとめとして表6－9、表6－10を示しておく。

3　1988年および1989年のMDPに対する欧州委員会のコメント

ドイツが1990年以降MDPに参加しないことを表明するなどこのプログラムへの批判も存在することは確かだが、全般的に見て最初の2年間のMDPに対する評価は肯定的なものであると欧州委員会は述べる(CEC, 1991b, p. 12)。ここでは欧州委員会のMDPに対する論点ごとの評価を確認する。

（1）MDP運営の柔軟性について[17]

欧州委員会はMDPの実施にあたり、このプログラムには分権的な意思

表6－8　自国在庫量に対するMDPによる食料配分量の割合（%）

加盟国・年		バター	牛肉	軟質小麦	デュラム小麦	オリーブ油
BE	1988年	1.2	1.7	1.3	なし	なし
	1989年	なし	56	1.8	なし	なし
DE	1988年	1.0	なし	なし	なし	なし
	1989年	217	なし	なし	なし	なし
DK	1988年	0.4	0.3	なし	なし	なし
	1989年	700	21	なし	なし	なし
EL	1988年	なし	NS	なし	なし	なし
	1989年	なし	NS	なし	なし	なし
ES	1988年	6.0	25	なし	4.5	0.9
	1989年	70	216	14	15	4.0
FR	1988年	1.4	1.5	0.8	7.5	なし
	1989年	120	92	1.0	NS	なし
IE	1988年	0.01	0.6	なし	なし	なし
	1989年	0.9	6.0	なし	なし	なし
IT	1988年	2.3	32	なし	1.2	0.5
	1989年	166	NS	なし	0.8	7.0
LU	1988年	2.9	NS	2.5	なし	なし
	1989年	NS	NS	2.5	なし	なし
NL	1988年	0.1	0.7	なし	なし	なし
	1989年	2.9	40.0	なし	なし	なし
PT	1988年	NS	NS	NS	NS	なし
	1989年	NS	NS	NS	NS	27
UK	1988年	1.9	3.0	なし	なし	なし
	1989年	36	21	なし	なし	なし
EEC合計	1988年	1.1	2.3	0.1	1.7	0.7
	1989年	42	19	0.9	1.8	5.0

出典：CEC（1991b), table 13.
注：「なし」は配分されていない。NSは配分されたが利用可能な在庫がない。

表6－9－a　MDP資源配分（1988年と89年の合計額）

加盟国	配分量　1,000エキュ	軟質小麦　トン	デュラム小麦　トン	バター　トン	牛肉　トン	オリーブ油　トン
BE	3,515.0	850		160	948	
DE	19,377.0			6,206		
DK	2,435.0			90	630	
EL	16,434.0				4,400	
ES	53,631.0	17,250	6,800	4,275	8,050	5,725
FR	44,075.0	7,500	12,000	3,950	7,500	
IE	7,521.0			74	2,300	
IT	40,357.0		24,000	1,300	9,500	1,300
LU	197.5	60		45	30	
NL	4,015.0			450	900	
PT	14,497.0	1,400	900	725	3,275	725
UK	37,902.0			7,075	4,975	
合計	243,956.5	27,060	43,700	24,350	42,508	7,750

出典：CEC（1991b), table9.
注：トンで示された配分量は上限値を表す。

表6－9－b　エキュ建てのMDP資源配分（1988年と89年の合計額）

加盟国	配分量　1,000エキュ	軟質小麦　エキュ	デュラム小麦　エキュ	バター　エキュ	牛肉　エキュ	オリーブ油　エキュ
BE	3,515.0	155,074		501,120	3,261,120	
DE	19,377.0			19,437,192		
DK	2,435.0			281,880	2,167,200	
EL	16,434.0				15,136,000	
ES	53,631.0	3,147,090	1,906,720	13,389,300	27,962,000	12,379,740
FR	44,075.0	1,368,300	3,364,800	12,371,400	25,800,000	
IE	7,521.0			231,768	7,912,000	
IT	40,357.0		6,729,600	4,071,600	32,680,000	2,811,120
LU	197.5	10,946		140,940	103,200	
NL	4,015.0			1,409,400	3,096,000	
PT	14,497.0	255,416	252,360	2,270,700	11,266,000	1,567,740
UK	37,902.0			22,158,900	17,114,000	
合計	243,956.5	4,936,826	12,253,480	76,264,200	146,497,520	16,758,600
割合		2%	5%	29%	57%	7%

出典：CEC（1991b), table11.
注：本表の各品目の配分額（エキュ建て）を算出する根拠となる配分量（表6－3と6－6に示された量）は上限値であるため、本表の各品目の合計金額の総計は、配分量という項目の合計値を上回る。

表6－10　MDP資源配分のシェア（1988年と1989年の合計額）

加盟国	配分量 エキュ	軟質小麦 トン	デュラム小麦 トン	バター トン	牛肉 トン	オリーブ油 トン
BE	1.5%	3.1%		0.7%	2.2%	
DE	8.0%			25.5%		
DK	1.0%			0.4%	1.5%	
EL	6.7%				10.3%	
ES	22.0%	63.7%	15.6%	17.6%	19.1%	73.9%
FR	18.0%	27.8%	27.5%	16.2%	17.6%	
IE	3.0%			0.3%	5.4%	
IT	16.5%		54.9%	5.3%	22.3%	16.8%
LU	0.1%	0.2%		0.2%	0.1%	
NL	1.7%			1.8%	2.1%	
PT	6.0%	5.2%	2.0%	3.0%	7.7%	9.3%
UK	15.5%			29.0%	11.7%	
合計	100.0%	100.0%	100.0%	100.0%	100.0%	100.0%
各品目（金額単位）の相対的重要度	100	2	5	29	57	7

出典：CEC（1991 b), table 10.

決定が必要であると同時に、各地に存在するニーズをとらえるため柔軟性も必要であると考えていた。MDPが分権的で柔軟なものであるならば加盟国間でその実施内容に相違が生まれることになり、現実にそれは生じている。例えば本章注9で示したように受給者の定義は加盟国ごとに異なり、困窮者に1品目だけを配給する加盟国もあれば複数の食品を提供する加盟国もある。またMDP実施期間を年度全体とする加盟国も一定期間に限る加盟国も存在する。欧州委員会は、MDPに画一性を持ち込むことは誤りであり、費用対効果の観点から正当化される場合にはMDPに変更を加えることは可能だと判断している。

（2）放出される介入在庫の単位について――為替変動に関連して(18)

加盟国が介入在庫から受け取る農産物の量はMDP関連文書の中で、重量で表記される場合も金額（エキュまたは各国の通貨単位）で表記される場合もある。この点について表6－2の注に示されているように「トンで示された数量は目安となる総量（indicative amounts）であるのに対して、エキュを単位とする配分量は絶対的な上限（absolute limits）を指す」というルールが設定されている。したがってMDPで優先される単位は金額であって重量ではない。加盟国に提供される農産物の分量をエキュ単位で考えるとき、その額は事前に定められた為替レートで各国通貨単位に換算されるため、各加盟国は利用可能な資金量を自国通貨建てで確定された額として把握できるというメリットが生まれる。それゆえ、何らかの事情により予定されていた量の介入在庫農産物を入手できなくなったとしても、または予定以上に利用するようになった場合にも、加盟国は柔軟に対応しやすい。もちろん重量よりも金額を優先させた結果として、また欧州通貨制度（European Monetary System: EMS）の下で抑制されているとはいえ為替変動がある程度発生してしまうことの結果として、加盟国が利用可能なMDP資金全額を使っても事前に定められた量の介入在庫農産物を入手できない（またはその逆で入手量が予定を上回る）という事態が起こりえる。これに対処するため、加盟国は事前に定められた重量分の介入在庫農産物を受け入れる義務を負わず、欧州委員会はその重量分を確実に準備するという義務を負っていない。

為替変動は、それがEMSで認められている程度の変動であったとしても、EEC予算で実際に負担される金額（年度末に確定する金額）が、事前にエキュ建てで確定されていたMDP予算総額と食い違うという問題を引き起こすだろう。しかしながらこれはMDPというプログラムを実施することから生じるメリットと比較すれば大きな問題ではない。

（3）商業ベースでの交換について[19]

MDPで困窮者に提供できる食品は、先に述べたように、第一に介入在庫農産物そのもの、第二にそれを加工または調理したもの、第三にそれを対価として交換することにより入手した食品の三種類に分かれる。ここでは第三のものすなわち商業ベースでの交換について言及する。

介入在庫農産物そのものは一般消費者にとって容易に調理できる形態で

は保存されていないため、商業ベースでの交換という便宜はMDPを運営する上で不可欠であろう。しかしこの便宜はあるマイナス面を抱えている。介入在庫農産物の商業ベースでの交換は、その価値の一部が加工、包装および流通の費用に充てられているということを意味する。この事実は会計上大きな意味を持っているだけでなく、さらに重要なことに、より単純な方法が採用されていれば困窮者はもっと多くの食料を入手できるということを意味している。例えばビスケットを受け取る場合よりもパンを受け取る場合の方が困窮者はより多くを入手できるだろう。また商業ベースでの交換が複雑になればなるほど在庫処理という観点から判断して政策の効果は低下するだろう。

欧州委員会はこの点に目を向けるため、困窮者が受け取る食品の量と介入在庫から放出される農産物の量との比率を示す指標として、商業ベースでの交換の変換率（commercial exchange coefficients）を採用した（表6－11参照）。加盟国間でこの値に開きがあるが、その原因として考えられるのが、交換の対価としてどのような質の食品を入手しているか、MDPの実施規模、総費用に占める輸送費用（特に入手した食品の輸送費用）の割合などに関する加盟国間の差である。

欧州委員会の判断では、商業ベースでの交換の変換率が過大になる（すなわち一定量の在庫放出に対して入手できる食品が少ない）ことは避けられなくてはならない。それゆえ最大変換率という考え方を導入することを検討している。

（4）MDPのマイナス面について[20]

MDPはEAGGF保証部門からの資金で運営されるので、その目的はローマ条約に記されたCAPの目的（特に市場の安定）に関連づけられなくてはならない。具体的に言えばMDPは余剰農産物の削減に貢献しなくてはならない。と同時にMDPは困窮者に食料を提供するという社会的目的も抱えていることは明白である。したがってMDPを継続する上で欠かせない

表6－11　商業ベースの交換の変換率

加盟国	介入在庫生産物	バター（塊）			牛肉（枝肉）			小麦			デュラム小麦	オリーブ油（巨大容器入り）
	配給された食料	バター（少量）	超高温殺菌牛乳（1リットル）	チーズ	缶詰牛肉	骨なし牛肉	牛肉（真空パック）	小麦粉	ビスケット	パン	パスタ	オリーブ油（小分け）
BE	1988年	1.08						1.95				
	1989年				5.25			1.93				
DE	1988年	1.13										
	1989年	1.10				1.56						
EL	1988年					2.91						
	1989年					2.64						
ES	1988年			1.53	3.27						3.26	1.13
	1989年		0.18	1.73					7.01		2.99	1.17
FR	1988年							1.22～1.25			1.64～1.72	
	1989年	1.00	0.13	1.00								
LU	1988年	1.25						1.59～1.83		2.63		
	1989年							1.55～1.59		1.59		
NL	1988年					2.05						
	1989年					2.91						
PT	1988年	1.13						1.26				1.05
	1989年											1.16
UK	1988年	1.12			1.22		1.08					
	1989年	1.09			1.37							

出典：CEC（1991b), table14.

注：商業ベースの交換の変換率とは、困窮者に配られる生産物1kgを入手するために何kgの介入在庫農産物を提供したかを示す数字である。本表で利用した数値は、本報告書（CEC, 1991b）付属文書に示されたものに基づく。デンマークとアイルランドは商業ベースの交換を実施していない。イタリアはそれを実施したが、変換率を算定するためのイタリアのデータは利用できない。

ことは、社会的目的を達成するための制度を強固にしていく一方で、それが過剰生産物の処理という目的を阻害しないようにするということである。[21]

MDPを在庫処理という観点からしか見ないのであれば、これは間違いなく高くつく方法である。というのはMDPでは介入在庫農産物が販売されるわけでもなく、低価格で輸出に回されるわけでもなく、無償で提供されるからである。しかし無償という点そのものは、在庫処理の費用がかさむ方法の採用を意味するだけで、少なくとも在庫処理の妨げではない。

むしろ問題となるのは、MDPとは無関係に購入され消費される農産物の量がMDPの実施によって減少してしまう場合である。言い換えれば日常的に自ら食料を購入し消費していた人が、MDPを通じて食料を入手したことにより購入を止める（または減らす）場合、すなわち購入からMDPへの代替が生じる場合である。この代替によって在庫農産物の処理という目的が損なわれることを最小化するために、加盟国は次の三つの事柄を実践する必要がある。第一に経済的困窮のため食事内容が著しく制約されている人にMDPの受給資格を限定する。第二にMDPに携わる団体を、定期的に困窮者に食料を提供している団体から選出する。そのような団体は真に困窮している人を見つけ出す経験を有していると考えられる。第三に食料を提供している団体に対して、MDPに参加することを通じてその活動を拡大することを依頼すると同時に、MDPを利用して食料への支出を削り他の事業への資金を確保するというような代替を実施しないように要請する。

4　各国のMDP実施事例[22]

表6－12と表6－13にスペインとフランスのMDPの実施事例を示し、その内容を確認する。表6－9から分かるようにこれら両国はMDP実施の最初の2年間で資源配分を最も多く受けた国である（スペインが1位、フランスが2位）。また両国の状況を確認することによりすべての介入在庫農産物をカバーできる。

CEC（1991b）を利用して作成した表6－12と表6－13の「EEC財政が負

担する品目別費用」の項目において、スペインについてはペセタ建てで、フランスについてはエキュ建てで記載されているのは、両国が欧州委員会に提供したオリジナル情報を尊重してCEC（1991b）が作成されているからである。

次にスペインとフランス以外の加盟国におけるMDPの実施状況に関して特記すべきものを挙げておく。

ドイツはMDPに対して最初から批判的な立場を取っていた。1988年のMDPが終了したとき、指定実施団体のすべてとメディアはMDPが費用に見合う効果を上げていないと批判した（同様の批判はデンマークからも聞かれた）。例えば受給者自身が配給を受けるために負担した移動費用が配給された食品の金額を上回ることがあった。また1989年のMDP実施後、ドイツ連邦会計検査院（Bundesrechnungshof）は多くの点でMDPを批判した。その批判は移動費用と輸送費用が高いことに加えて、最も困窮した人の定義が不正確であること、配給に関与した団体は通常食料ではなく金銭を分け与えたこと、そしてそれゆえ食料配給のための望ましいネットワークを構築することができなかったことに向けられた。こうした事柄を背景としてドイツ当局は欧州委員会に対して、在庫水準の低下およびドイツの社会保障制度と他の加盟国のそれとの相違を理由として、今後のMDP参加を望まないと通知した。後にこの姿勢は東欧からの予期せぬ大量の人口流入により覆されたが、1990年にドイツは同年以降MDPに参加しないことを決定しこれは覆されなかった。

商業ベースでの交換について、配給できる品目の増加につながると同時に困窮者が消費しやすい形態の食品を入手できるという肯定的な評価がある一方で、それを実施すると介入在庫から放出された量よりも少ない量の食料しか配給できない（原因は包装、加工および輸送などにかかる費用である）、さらには配給できる時期が遅くなってしまうという改善すべき点を指摘する加盟国もあった。

MDPは全加盟国で実施されたが、その国の隅々まで包み込んで実施され

表6－12　スペインのMDP実施状況（1988年と1989年）

	1988年	1989年
介入在庫からスペインが受け取る農産物の量		
牛肉	4,599,940kg （前四分体3,478,073kg、後四分体1,121,867kg） →枝肉4,069,793kg相当	2,872,066kg （カット方法不明）
バター	720,000kg	2,550,000kg
軟質小麦	なし	15,250,000kg
デュラム小麦	2,200,100kg	4,398,470kg
オリーブ油	1,335,000kg	3,880,000kg
EEC財政が負担する品目別費用		
牛肉	2,181,018,045ペセタ	スペイン当局からのデータ提供がなかった。
バター	385,402,101ペセタ	
デュラム小麦	76,399,976ペセタ	
オリーブ油	333,722,329ペセタ	
小計	2,976,542,451ペセタ	
行政費用	30,927,366ペセタ	
輸送費用	80,015,902ペセタ	
総計	3,087,485,719ペセタ	
総計（エキュ）	21,923,000エキュ （1エキュ＝140.835ペセタ）	
当初配分額（1988年） 先行スタートによる配分額（1989年）	20,100,000エキュ	なし
見直し後の配分額 最終的配分額	21,960,000エキュ	31,671,000エキュ
配給の履行率	99.80%	不明
受給者に配られた食品の量		
ビスケット	なし	2,174,685kg
パスタ	674,281kg	1,471,810kg
プロセスチーズ	1,180,034kg	894,720kg
野菜入り缶詰牛肉	1,777,819kg（牛肉が1,244,473kg）	なし
オリーブ油	1,184,463kg	3,322,400kg
調理済み食品	なし	1,580,376kg
超高温殺菌牛乳	なし	5,560,020kg
受給者一人当たりの平均配給量		
ビスケット	なし	2.83kg
パスタ	1.27kg	1.91kg
超高温殺菌牛乳	なし	7.27リットル
チーズ	0.89kg	1.18kg（プロセスチーズ）
調理済み食品	3.34kg	2.05kg
オリーブ油	2.22kg（2.43リットル）	4.29kg
どのような人物が受給したか		
1988年：スペイン全土の532,245人（全人口の1.37%）が受給した。受給者は次の通り。 ・十分な年金を受け取っていない高齢者。　・住居の定まっていない人や社会的マージンに追いやられた人。 ・様々な種類の失業者や収入の少ない人。　・低所得の大家族。		
1989年：1,500の都市地域を含む、すべての地域で本計画は実施された。支援を受けた人数は766,211人で、1988年と比べて44%多い。受給者は次の通り。 ・子供と年金額の少ない高齢者。　・低所得世帯。　・ホームレス。　・低所得の大家族。　・極度な貧困状態にある人。		
MDP実施期間		
1988年：不明 1989年：12月15日まで		
その他		
商業ベースでの交換については、表6-11を参照。 1988年の消費への影響に関して、牛肉、チーズ、オリーブ油、パスタの消費量は、数量化できないが増えた（つまり在庫減少に効果があった）と推定される。 1989年についても数量化できないが消費は大きく伸びた。なお、配給された食料は受給者が通常消費しないものだった。 この計画を遂行する団体として一つの団体（赤十字社）が指定され、その他の数多くの団体が赤十字社と連携した。		

出典：CEC（1991b), annex, pp. 17-20.

表6－13　フランスのMDP実施状況（1988年と1989年）

	1988年	1989年
介入在庫からフランスが受け取る農産物の量		
牛肉（枝肉）	3,041,000kg	4,194,682kg
バター	1,442,600kg	2,210,960kg
軟質小麦	2,457,000kg	4,499,000kg
デュラム小麦	5,214,000kg	5,921,000kg
EEC財政が負担する品目別費用		
牛肉	11,565,130エキュ	15,625,148エキュ
バター	4,839,780エキュ	7,284,361エキュ
軟質小麦	482,789エキュ	863,448エキュ
デュラム小麦	1,667,301エキュ	1,739,885エキュ
小計	18,555,000エキュ	25,512,842エキュ
行政費用	なし	なし
輸送費用	なし	なし
総計	18,555,000エキュ	25,512,842エキュ
当初配分額（1988年） 先行スタートによる配分額（1989年）	16,452,777エキュ	9,000,000エキュ
見直し後の配分額	18,555,000エキュ	25,520,000エキュ
配給の履行率	100%	ほぼ100%
受給者に配られた食品の量		
バター	1,399,300kg	1,297,235kg
食塩入りバター	なし	20,503kg
部分脱脂された超高温殺菌牛乳	なし	2,764,563リットル
熟成されたチーズ	なし	185,951kg
プロセスチーズ	なし	302,065kg
牛肉	2,736,000kg	3,564,900kg
軟質小麦	1,228,500kg （1袋1kgの小麦粉として）	なし
デュラム小麦	2,503,000kg （パスタ1,802,000kg、クスクス701,000kg）	2,842,000kg （パスタ1,990,000kg、クスクス852,000kg）
小麦粉	なし	2,249,500kg
受給者一人当たりの平均配給量		
牛肉	2.5kg	3.25kg
バター	2.1kg	1.2kg
部分脱脂された超高温殺菌牛乳	なし	2.5kg
チーズ	なし	0.5kg
小麦粉	1.3kg	1.25kg
パスタ（上段）またはクスクス	2.75kg 1.75kg	2.5kg 2.2kg

どのような人物が受給したか
1988年：フランス全土の150万人が受給した。受給できるのは所得が全産業一律スライド制最低賃金（Salaire Minimum Interprofessionnel de Croissance: SMIC）の25%に達しない人。
1989年：本計画はフランス全土で実施され、およそ110万人（人口の約2%）が長期的または短期的にこの計画の恩恵を受けた。受給資格は、所得がSMICの25%を超えない人に与えられた。
MDP実施期間
1988年：指定実施団体によって異なる。1年間実施している（ただし主たる実施期間は12月から4月）団体もあれば、12月21日から3月21日までに限っている団体もある。 1989年：原則として一年を通じて実施される。ただし冬期（12月21日から3月21日）に活動は集中される。
その他
商業ベースでの交換については、表6－11を参照。 受給者の所得が著しく低いため、1988年、89年にMDPの実施によって食品の購入量が減少することはなかった。 1988年について ・介入在庫から放出された農産物の量と困窮者に提供された食品の量との間には大きな差がある。その原因として、加工時に発生するロス、包装費用、そして商取引に伴うコストが考えられる。加工業者の努力にもかかわらず発生してしまうこの差がもたらす金銭的コストは、慈善団体にとって大きすぎる。 ・輸送（しばしば輸送は長距離になった）や包装にかかる費用は慈善団体（本計画に関わっていない団体も含む）によって全額負担された。 ・地域によっては、バターの塊を小分けして1パック250gに包装するという作業を担当してくれる企業を見つけ出すことできない、または少量の小麦を小麦粉にすることに製粉業者が熱心ではないという困難が発生した。 ・MDPと並行して、牛乳、米、そして卵も配られた。これらの食品は購入または贈与に由来する。それに加えて、共同体の計画に基づいて（規則EEC1035/72）、約5,000トンの果物が配られた。 ・国立の4団体がMDPに関与した。指定実施団体を、能力と経験を伴う4団体に集中したおかげで、MDPは健全に遂行された。例えば、小麦粉とパスタに関して、商業ベースでの交換のための変換率が満足のいく水準の数値を示している。 ・四つの指定団体は本年以上の食料の提供を期待している（少なくとも、緊急措置として実施された1987年と同程度）。フランスでは、本計画の1988年の規模は1987年のそれのおよそ3分の1である。 1989年について ・四つの指定実施団体によれば、EECの規定に基づく果物の分配は40%増加した。その原因として考えられることは、本計画の副次的効果や熱心な周知活動である。 ・1988年と比較して、低価格の肉が使用される割合が高まったが、その理由は缶詰肉の提供がより重要になったからである。結果的に、提供される肉の量は増加した。 ・商業ベースでの交換の規定が緩和された（規則4059/88）ために、以前に直面していた問題の多くは解決された。 ・農業省は「希望の実り（Les moissons de l'espoir）」計画を通じてMDPを強化した。同計画では、160の農業訓練センターが追加的な食料を提供し、困窮者の苦境をより広く人に知ってもらう活動を行った。 ・フランスで利用可能な食料は1988年よりも増加し、それは非常に歓迎され、フランスにおける食料支援の50～60%はMDPにより提供された。 ・1989年度計画を1988年11月18日に開始する可能性が開かれたこと（すなわち先行スタートの導入）は非常に歓迎される。

出典：CEC（1991b）, annex, pp. 21-25.

たというわけではない。そのためMDPの配給が居住場所の近隣では実施されなかった人が不満を訴えることもあり、例えば英国でそれは見られた。

ギリシアとポルトガルについて、両国で配給される食料の全品目がその国にあった訳ではないため、MDPを実施するには外国からの輸送が必要となった。それが原因で配給の遅延が生じることもあった。

アイルランドとルクセンブルグでは、バウチャーを利用して配給が実施された。

MDPの実施状況がチェックされるとベルギーとオランダでは会計に関わる記入ミスが発見された。重大な違反とは言えないが、特にボランティアに多くを頼っている場合にそうしたミスが発生していた。

Ⅲ 誰がMDPの食料を受け取ったのか

ここではMDPの支援を誰が受け取ったのかを、CEC（1991b）の付属文書を利用して確認する。この作業を通じて、CAPに属するMDPというプログラムがきわめて小さい規模ではあったが、EECレベルの社会保障政策としての役割を果たしていたことを示す。なおスペインとフランスについては表6－12と表6－13を参照。ベルギーとデンマークについては、受給者の情報が欧州委員会に伝えられていない。ドイツについては1998年に250万～300万人にMDPの支援が届けられたということ以外の情報が明らかにされていない。

ギリシアについて：1988年には慈善団体を通じて15,335人に、農村の困窮者12,342人にMDPの支援が提供された。翌年には大家族の困窮者685,105人、農業協同組合の困窮者115,509人、そして慈善団体を通じて56,517人に支援が提供された（合計857,131人）。

アイルランドについて：1988年、MDPはアイルランド全土で実施され

46,000人の貧しい人（長期間失業している人や生活保護を受けている人など、何らかの社会福祉給付を受けている人）と、約2,500人のシェルターに居住するホームレスが支援を受けた。さらにMDPの対象ではないが貧困に苦しむ人に対して少量ながら食料の一部が配られた。翌年にもMDPは全土で実施され約12万人の貧しい人（同）と約3,000人のシェルターに居住するホームレスに支援が提供された。MDPの対象ではない困窮者の一部に少量の食料の一部が配られたことも初年度と同様である。

イタリアについて：1988年、89年ともにおよそ55万人がMDPの支援を受けた。数字が概数となる理由は、食料配給所や社会福祉施設に定期的かつ継続的にやってくる困窮者もいれば、そうした行動は取らずに、在庫農産物に由来する食料が入った配給パックを、不定期にそして様々な場所で受け取る人もいるからだ。後者にはロマも含まれる。彼らはEEC外部からやってきて外部に出て行き、その中には何度も配給を受ける人もいるかもしれない。

ルクセンブルグについて：1987年に公表された研究によるとルクセンブルグの人口の6.8％が貧困水準以下で生活しているが、1988年にMDPは総人口の0.6％に相当する2,200人を支援した。食料はホームレス（またはそうなるリスクを伴っている人）や指定慈善団体から何らかの支援をすでに受けている人に配られた。1989年の状況は前年と大きく違わない。

オランダについて：1988年、89年の双方においてMDPはオランダ全土で実施され、とりわけ主要な都市地域で集中的に実施された。ホームレスと高齢者が受給者となった（人数は不明）。MDP実施のために1988年には25団体が、1989年には42団体が関与した。

ポルトガルについて：1988年、食料不足によって困窮している子どもと老人にMDPの支援が提供され、合計148,000人（子どもが6割、老人が4割）が受給者となった。翌年には全人口の4.13％に相当する422,095人が受給者となり、なかでも子ども、未成年の若者および老人に支援が集中された。子どもと若者には援助の77％が与えられ、残りが老人に提供された。地方自治体当局から非常に貧しいと認識されている人以外にも支援は提供された。

英国について：1988年と1989年の英国でMDPの受給資格は所得補助受給者、児童家族手当受給者（どちらも一定所得以下であることを意味する）、住居の定まっていない人および福祉施設に居住している人に限って与えられた。こうした人は約600万人存在したのに対して、実際にMDPから支援を得たのはどちらの年でも約150万人（人口の2.65％程度）しかいなかった。

ここまで各国のMDP実施状況を簡単に示してきたが、これらの情報から判断して、MDPの支援を受けた人は各加盟国内で社会保障政策の対象となるべき（なっている）人であることは間違いない。したがってMDPは、過剰になった介入在庫農産物をCAP資金の利用を通じて削減し、農業市場の安定に貢献するという形式を取りながら、本来ならば各加盟国が提供するはずの社会保障をEECレベルで補うという機能も兼ね備えるプログラムであったことがわかる。

注

（1）http://www.lalibre.be/societe/general/article/762599/les-banques-alimentaires-au-secours-des-belges.html

（2）フードバンクとは、食料（とりわけ消費可能ではあるが何らかの理由によって販売できないもの）を生活困窮者に無償で提供する団体またはその仕組みを指す。フードバンクについて大原（2008）を参照。

（3）例えば滝沢（2010）のように、EUの困窮者向け食料支援プログラムの略称としてフランス語を採用し、PEAD（Programme Européen de Distribution de Denrées Alimentaires aux Plus Démunis）とする文献もある。

（4）Council Regulation（EEC）No 3730/87 of 10 December 1987 laying down the general rules for the supply of food from intervention stocks to designated organization for distribution to the most deprived persons in the Community.

（5）Council Regulation（EEC）No 3744/87 of 14 December 1987 laying down the detailed rules for the supply of food from intervention stocks to designated organization for distribution to the most deprived persons in the Community.

（6）European Parliament Document PE 115.233 of 2 Oct 1987.

（7）MDPの発足時にはすべての加盟国がこれに参加したが、発足後2年でドイツはこれから離脱することを決断した（CEC, 1991b, p. 11）。

（8）規則3744/87第5条によれば介入在庫の放出時に適用される介入価格とは、前年の大晦日の介入価格であり、その大晦日の代表為替相場を利用して各国通貨建てに換算される。

（9）MDPの開始時点では受給者の定義が加盟国間で著しく異なっていた（CEC, 1991b, p. 7）が、2012年時点で困窮者とは貧困リスクにさらされている（at risk of poverty）状態、すなわち各加盟国の所得中央値の60%に満たない所得しか得ていない状態に陥っている人と定義されている（European Commission Directorate-General for Agriculture and Rural Development, 2012a）。なおここで言う所得とは等価可処分所得（equivalised disposable income）のことで、家計の人数や構成の相違を考慮して算定された可処分所得を指す（http://epp.eurostat.ec.europa.eu/statistics_explained/index.php/Glossary:Equivalised_income）。

（10）寒さが厳しくなった年末にならないとMDPが始動しないという問題に対して、後述する先行スタートという便宜が1988年に採用された（CEC, 1991b, p. 3）。

（11）例えば牛肉とバターの輸送であれば最初の200kmについて1トン当たり20エキュが支払われ、200kmを超える1kmごとに0.05エキュが追加される（規則3744/87、付属文書2）。

（12）MDPの予算は介入在庫農産物と輸送の他に、配給実施団体の行政費用のためにも使用できる。それに回すことのできる金額の上限は各加盟国が受け取るMDP資金の1%である。ただし困窮者から食料配給の代金を取っている場合にはその額を行政費用額から差し引かなくてはならない。

（13）MDP発足時には、配給する食料を金銭で市場から調達するという手段は認められていなかった。市場から購入した食料の利用が認められるようになったのは1996年、すなわち規則3149/92を規則267/96で修正したときである。なお食料の市場調達が認められたとはいえ、配給される食料は介入在庫農産物に基づくという原則は変更されなかった。

(14) 介入在庫農産物の商業ベースでの交換が認められるのは、通常それは消費者が簡単に消費できる形態で保管されていないからである。例えば小麦などの穀物が在庫として保管されているが、消費者は小麦粉ではなく小麦を受け取っても簡単には消費できない（CEC, 1991b, p. 9)。

(15) CEC（1991b), pp. 4-5.

(16) CEC（1991b), pp. 6-7.

(17) CEC（1991b), p. 7.

(18) CEC（1991b), p. 8.

(19) CEC（1991b), pp. 9-10.

(20) CEC（1991b), pp. 10-11.

(21) ルクセンブルグは1989年のMDPに対して次のような評価を下している。すなわち「社会的目的から考えてこのMDPは成功した。しかしこれが最も困窮した人に対する支援方法として効率的かについては疑問が残る。もしもMDPが真の社会的援助であるならば、介入在庫と結びつけられることはなく、受給者の変化する必要に柔軟に対応するべきであり、そして現行システムのようにEECと加盟国で重複する複雑なシステムを取り入れるべきではない」(CEC, 1991b, p. 39)。もしもMDPがCAPとは無関係の困窮者支援政策であるならばこの評価は正しい。しかしMDPが政策資金をCAPに依存している限り、困窮者支援と介入在庫とのリンクは切断することができない。

(22) CEC（1991b), annexを参照。

第7章
EUの困窮者向け食料支援プログラムの改革

前章に引き続きここでもEU（European Union）の困窮者向け食料支援プログラム（Food Distribution Programme for the Most Deprived Persons: MDP）を扱う。共通農業政策（Common Agricultural Policy: CAP）の実施過程で生じた在庫食料を生活困窮者に配給するというMDPの主目的は、農産物在庫の削減を通じて農業市場の安定化に貢献することで、困窮者への支援は付随的な目的である。

EU財政は通常7年間を一つの枠組みとして運営され、それは多年次財政枠組み（Multiannual Financial Framework: MFF）と呼ばれるが、2014～20年MFFの原案[(1)]が欧州委員会によって2011年6月29日に公表された。その中にはMDPに関する重大な提案が含まれていた。欧州委員会の2012年10月24日付プレスリリース（IP/12/1141）が明らかにしているように、2014～20年MFFにおいて次の二つの目的を持った25億ユーロ規模の新基金（Fund for European Aid to the Most Deprived: FEAD）の設立が提案された。それの第一の目的は困窮者への食料の提供であり、第二の目的はホームレスや物質的に剥奪された（materially-deprived）子どもに衣類などの不可欠な財を提供することである。この事実から分かるように欧州委員会はMDPと同種のプログラムを、2014年以降CAPの外部で運営することを2011年時点で考慮していた。2013年2月8日の理事会では、2014年開始のMFFにおいてMDPのための資金25億ユーロは結束政策（Cohesion Policy）の一部を構成する既存の欧州社会基金（European Social Fund: ESF）から支出されることが合意された（EUCO 37/13）。このようにMDPのCAPからの分離は進められてきた[(2)]。

MDPは2013年でいったんその歴史に幕を引き、2014年からFEADという新たな形態で再出発したが、この制度変更が実施される前にMDPへの批判や改革案が公表されてきた。その一つであるMDPへの共同資金負担（co-financing）の導入に焦点を当て、その意味を分析することが本章の目的である。第Ⅰ節ではMDPの二つの転換点すなわち市場調達の容認およびドイツによる提訴を取り上げ、それらがCAP改革とともに2013年におけるMDPの終焉を導いたことを説明する。第Ⅱ節ではMDP改革が検討される過程でMDPの社会政策としての側面が重視されていたことを確認した後、その側面の強化を目的として共同資金負担に基づくMDPの運営が構想されていたことを示す。そしてMDPおよびそれを引き継いだFEADへの共同資金負担の適用がどのような意味を持つかを結束（cohesion）の観点から分析する。

Ⅰ MDPの二つの転換点
――市場調達の容認とドイツによる提訴

1 配給食料の市場調達の容認と拡大

MDPが導入された経緯と初期MDPの詳細な内容は前章に譲るが、それには小規模ながらも社会保障政策としての性質が付随していたことは確かである。ただしそれは農産物の在庫処理を目的として運営されるCAPのプログラムだったため、MDPで利用される食品は在庫に由来するものに限られた。

しかしこの原則は1995年に変更され、翌年から市場で調達された食料の配給が始まった。規則2535/95第1条により、MDP年次計画を実施するにあたり配給予定の食料が一時的に在庫にない場合その実施に必要な分量だけ当該食料をEU内の市場から購入することが認められた。また配給予定食料が自国の在庫にはないが他の加盟国には存在しそこから少量の在庫食料を輸送して配給を行う場合には、その代わりに自国での市場調達が可能となった。

さらに規則267/96第1条により「MDP計画が採択されたときに介入業者が在庫として一時的に保管していないことが判明した食料を、共同体の市場で購入するために利用できる補助金」がMDPの構成要素になった。[(3)]

なぜ市場調達が容認されるのか。その理由は1992年CAP改革（マクシャリー改革）にある。第2章で述べた通り1980年代にCAPは欧州の内外から批判された。内部からは過剰生産に伴う財政負担増大および環境悪化ならびに農業者間の所得格差が槍玉に挙げられた。農産物輸出国はCAPに基づく欧州農業市場の閉鎖性の改善を要求した。これらに対応する形でマクシャリー改革は合意された。その内容は第一に生産量削減のための減反と休耕、第二に農産物の介入価格の引き下げ、第三にこれらがもたらす農家所得の低下の補償を目的とした直接支払いの利用拡大だった。MDPで配給食料として主要な地位にある穀物[(4)]は同改革の対象品目の一つだった。図7-1が示すように同改革は穀物在庫量を減少させた。[(5)]この事実が1996年以降の市場調達の実施を説明する。MDPは農産物在庫の削減を通じた農業市場の安定化を主目的として在庫が適正水準に戻るまで実施されることになっていたから、在庫量の減少はMDP停止の可能性を高めた。しかし困窮者への無償食料配給という社会的目的に適ったプログラムの停止には少なからぬ抵抗があった。それゆえ減少する在庫食料を補完する方法として市場調達食料の利用が採用された。

MDP予算全体のうちどの程度が市場調達に利用されたかを表7-1に示した。それが示唆するのは2006年以降を無視するならば、1996年を例外としてMDPは市場調達にほとんど依存せずに運営できたということである。

しかし2006年からMDPは市場調達への依存度を高めていく。この変化の原因はマクシャリー改革に続くCAP改革である。2003年に新たな改革（中間見直し改革）が合意され2005年から直接支払いのデカップルが進められるなどCAPはその枠組みを大幅に変えた。生産と補助金との断絶を意味するデカップルの適用拡大の結果、第3章第Ⅱ節で論じたクロス・コ

図7－1　穀物の在庫変化量（前年比）と生産量（単位：1,000トン）

出典：Eurostat（1999）, pp. 70-71.
注：表記された年の量は、その前年の7月1日から6月30日までのものである。
　　ドイツのデータに関して、1990年までは西ドイツの、1991年以降は統一ドイツのデータである。

ンプライアンスに違反しない限り、農業者は生産量に関係なく一定額の補助金を受給できるようになった。それゆえ農業所得の維持を目的とした農産物の公的買い上げは不要となり、農産物の需給調整に関して市場の力に任せる度合いが大きくなった。

Commission of the European Communities（CEC）（2008a, p. 8）によれば、CAPは改革によりその主目的を生産性と競争力の向上から、農業政策および食料農産物の制度の長期的持続可能性を強化することならびに市場シグナルに対応するための機会を今まで以上に食料生産者に提供し、拡大していく食料需要を彼らに与えることに変更した。この変更の後、介入という手段はセーフティネット以外の目的では実施されなくなったため穀物在庫量は低水準となり（表7－2を参照、また表6－1と比較されたい）、それゆえMDPは市場調達をそれまで以上に利用しなくては維持できなくなった。

表7－1　MDP予算に占める市場調達向け配分額の割合

年	市場調達への予算配分額（ユーロ）	MDP予算総額に対する割合（％）
1987-1995	－	－
1996	45,577,185	23.02
1997	43,978	0.02
1998	42,037	0.02
1999	105,037	0.05
2000	42,037	0.02
2001	48,000	0.02
2002	44,000	0.02
2003	42,000	0.02
2004	42,000	0.02
2005	265,345	0.13
2006	46,846,591	18.06
2007	82,147,303	29.81
2008	250,974,164	90.53

出典：CEC（2008a）, p.9.

表7－2　EU27の穀物在庫量（単位：1,000トン）

	2009年	2010年	2011年	2012年
小麦	76.7	273.0	41.5	0.0
ライ麦	－	－	－	不明
大麦	925.5	5,493.0	511.7	92.4
デュラム小麦	0.0	0.0	0.0	0.0
トウモロコシ	568.4	215.0	0.0	0.0
ソルガム	0.5	0.0	0.0	0.0
合計	1,571.0	5,981.0	553.0	92.4

出典：European Commission Directorate-General Agriculture and Rural Development（2012b）, p.234.

注：各年度は、表記された年の前年の7月1日から表記された年の6月30日までである。
－はゼロ、0.0は0.5未満（この表の場合は500トン未満）を示す（上記出典文献、p.33）。
2011年度分の介入在庫はすべて2011年と2012年のMDPに充てられた。

規則983/2008に基づく2009年度MDP計画では、2008年度の2.5億ユーロを上回る約4.3億ユーロがMDPの市場調達向け資金として計上された(表7－3を参照)。この事実もまたMDPの市場調達への依存を示している。

表7－3　2009年度MDPにおける加盟国の利用可能金額（単位：ユーロ）

加盟国	2009年度MDPで利用可能な上限金額	市場調達のための配分		
		穀物	米	脱脂粉乳
ベルギー	6,984,395	2,026,200	300,000	3,000,000
ブルガリア	8,666,207	3,545,850	2,400,000	424,500
エストニア	320,646	303,930	0	0
アイルランド	397,711	0	0	376,977
ギリシア	20,045,000	6,000,000	3,000,000	10,000,000
スペイン	61,957,787	13,170,300	2,340,000	40,483,716
フランス	77,884,234	16,412,220	7,897,500	47,898,216
イタリア	129,220,273	34,458,775	3,000,000	80,962,837
ラトビア	5,463,353	3,312,432	0	1,866,102
リトアニア	9,392,047	3,317,885	1,543,920	2,224,368
ルクセンブルグ	128,479	0	0	121,781
ハンガリー	13,417,068	9,000,000	0	2,100,000
マルタ	725,419	80,964	34,250	387,714
ポーランド	102,177,040	36,471,600	0	44,350,200
ポルトガル	24,718,296	2,623,162	3,074,726	17,033,678
ルーマニア	28,202,682	20,262,000	0	0
スロベニア	2,279,813	486,288	300,000	1,018,800
フィンランド	4,019,550	2,640,000	0	1,170,000
合計	496,000,000	154,111,606	23,890,396	253,418,889

出典：規則983/2008、付属文書1、2。
注：3品目の合計額よりも上限金額が優先される。

2　ドイツによる提訴とその帰結

ドイツは2008年12月23日、EU司法裁判所（総合裁判所）に規則983/2008の無効を求めて提訴した[(6)]。同規則は2009年度MDPを規定し、加盟国の市場調達向け資金の配分を定めていた（表7－3を参照)。同規則は、規則3730/87に代わってMDPの根拠を提供する規則1234/2007(これは2007～13年MFFのCAPの根幹を定めている）を基礎とするが、それが求める要件を満たしていないとドイツは主張した。さらにドイツはこの問題を個別授権原則[(7)]に関連づけた。すなわち本来MDPは農産物の過剰在庫を社会的目的に適うように利用するためにCAPの補助的措置として生み出されたが、CAP改革による在庫減少に伴いMDPはもっぱら市場調達食料によって運営されている以上、今日のMDPは共同体法に根拠を持たない純粋な社会保障政策の手段であるとドイツは付け加えた。

2011年4月13日に出された判決[(8)]はドイツの主張に沿うものだった。規則1234/2007第27条2によればMDPの市場調達は一時的に在庫食料を利用できない場合に限って認められる。すなわち市場調達は例外的に許容されるのであって数ヵ月や数年にわたる継続は認められないと解釈される。またMDPで利用される食料全体のうち市場調達に基づく部分はごくわずかでなくてはならない。したがって在庫処理が主目的だとは言えない2009年度MDP年次計画を定めた規則983/2008は、規則1234/2007第2条に反する。

事実上のMDP廃止宣告となったこの判決の後、欧州議会は2011年7月11日の決議で2007～13年MFFのMDPについて移行期間の設置を欧州委員会と理事会に要請した。それがなければEUからのMDP向け資金提供が5億ユーロから1.13億ユーロに急減するからである（規則121/2012、前文3)。また同規則前文4にはMDPの廃止が次のように記されている。現行MDPは一時的であれば認められる市場調達に補完されつつEUの在庫農産物に依存してきた。しかしCAP改革の進展と農産物需要の増加により在庫は次第に減少した。規則1234/2007は在庫食料を一時的に利用できない場合に限って市場調達を認めており、EU司法裁判所の判決に照らせば在庫食料の代わりにEU市場から調達した農産物を恒常的に利用することはできない。この状況ではMDPの廃止が適切だと思われる。とはいえ現行MDPに関与した団体に対して新制度[9]に適応するための十分な時間を提供するため移行期間を設けるべきである。移行期間は2013年度MDPの完了とともに終了するものとし、その間は食料の市場調達は在庫農産物の配給を補完する通常手段とみなされるべきである。

こうしてドイツの提訴とその判決の結果、CAPの構成要素としてのMDPは役目を終えることになった。MDPが果たしてきた役割は2014年からFEADに引き継がれた。

3　FEADの概要[10]

FEADは、困窮者に物質的援助を提供するための加盟国の活動を支援する。これには食料と衣類の他、例えば靴、石鹸、シャンプーなど個人利用される生活必需品の提供が含まれる[11]。物質的援助は、困窮者が貧困から脱出するための指導と支援などの、社会的包摂のための措置と連携して実施される必要がある。加盟国のFEAD担当部局は、困窮者をより望ましい状態で社会に統合するために、困窮者向け非物質的援助を支援することも可能である。

欧州委員会は2014～20年MFFに加盟国が実施するプログラムを、各加盟国の意思決定に基づいて承認している。援助はこの決定に従って、パートナーとなる団体（多くの場合非政府部門の団体）を通じて困窮者に届けられる(同様のアプローチは既に結束基金で採用されている)。各加盟国は提供したい援助の種類（食料の援助、必需品の援助またはこれらの組み合わせ）をそれ自身の状況に応じて選択でき（図7-2を参照)、配給するものの入手と配給の方法も選ぶことができる。加盟国政府は、そのFEAD担当部局が購入した食料や物品をパートナー団体に提供するか、またはパートナー団体に資金を提供して購入を任せるかの一方を選択する。後者の場

図7－2　FEADに基づく援助の実施状況

出典：http://ec.europa.eu/social/BlobServlet?docId=14298&langId=en

合、購入を担当した団体は自ら配給することも、別の団体に配給を依頼することもできる。なおパートナー団体になりえるのは公共団体か非政府組織であり、加盟国ごとに定義された透明性のある客観的基準に従ってそれは政府により選出される。

2014～20年MFFにおいてFEAD向けに38億ユーロ（実質値）が計上されている。これに共同資金負担に基づく加盟国政府の資金が加わる。加盟国の負担率は少なくとも15%である。

FEADは貧困および社会的排除の状態に陥った人を助け彼らがそこから抜け出すための第一歩を踏み出せるようにするものである。これとESFとの比較で言えば、ESFは困窮者が職に就いたり職業訓練を受講したりすることを支援する基金であるのに対して、FEADはESFによる支援を受けるための前提条件となる、もっとも基礎的な必要を満たすための基金である。

Ⅱ MDPへの共同資金負担の導入

1 欧州会計検査院のMDP改革案——社会政策としてのMDP

CAPの一部としてのMDPが終焉を迎えることにドイツの提訴は影響を与えたが、ドイツ以外の国からMDPの運営方法に疑問の声は上がらなかったのだろうか。

欧州会計検査院（European Court of Auditors: ECA）によると例えばオランダ、スウェーデンおよび英国はCAP資金でMDPを運営すべきでないとの見解をドイツと共有し（ECA, 2009, p. 15）、またこの4カ国とともにデンマーク、チェコおよびオーストリアはMDPのような措置は加盟国によって実施されるべきだと理事会で表明していた（European Commission, 2012, p. 1）。

加盟国以外でMDPに疑問を投げかけたのがECAである。ECAはMDPを評価したECA（2009）の結論で次のようなMDP改革を薦めた[(12)]。第一にMDPのようなプログラムの財源を今後もCAPに求め続けることが適切かどうか欧州委員会は慎重に検討すべきである。第二にMDPやそれと同種のプログラムの管理の経験を有する諸団体の相乗効果の引き上げを目的として、社会政策の枠組みにMDPを埋め込みかつ社会的活動に賛同する主要アクター間の調整および協力を改善するために、欧州委員会は加盟国を促して必要な措置を執らせるべきである（ECA, 2009, pp. 33-34）。この内容から判断してECAはMDPをCAPではなく社会政策として運営することを望んでいたと言える。

この改革案が示された背景はECA（2009, pp. 14-17）に記されている。それによれば、MDPは困窮者の福祉に対する貢献と農産物市場の安定という二つの目的を備えていたが、CAP改革により農産物在庫がほぼゼロになったため、MDPの費用をCAP財源で負担することは不適切だとの見解が先に挙げた加盟国から表明されはじめた。すでに1998年時点で欧州委員会は、MDPは社会政策としての側面を含みその社会的目的は農産物市場安定化という目的よりも重要とみなされると記しており、ましてや在庫が事実上消滅した後ではMDPの支配的目的は社会的なものだと言ってよい。それを裏付けるように、MDP創設の規則である規則3730/87を統合した規則1234/2007の前文18には、MDPは重要な社会的措置とみなされると記載されている。こうした経緯を踏まえれば、先に述べたように社会政策（これには共同資金負担が適用される）としてのMDPをECAが提案したと考えられる。

2　欧州委員会が提案するMDP改革[(13)]——共同資金負担の導入

ECAがMDPをCAPから分離するべきだと提案したのに対して、当時欧州委員会はそれをCAPに残したままで改革することを希望し、また実現できると考えていた[(14)]。この点で欧州委員会とECAは対立していたが、MDPの社会的側面を強化すべきだという点では両者は意見を共有していた。具体的にはMDPの資金規模拡大と一層の効率的運営が両者から望まれた。これら二つの実現のため欧州委員会はMDP改革案（CEC, 2008b）[(15)]に「共同資金負担が導入されればこの計画［MDP］の結束の側面が補強される」（p. 3）と表明し、その導入を盛り込んだ。

共同資金負担とはEUで認められた政策の実施費用をEUと加盟国が共同負担することを指し、総費用の一定割合をEUが負担するという形でEUの拠出額が決められる。この手法によりEUが全額を拠出する場合よりも大きな資金規模で政策を実施できると同時に、政策に加盟国内のアクターが積極的に関わることにより、政策対象地域の意見が反映され、効率的な政策実施が実現されやすくなる。共同資金負担は結束政策（Cohesion Policy）[16]の根本的原則の一つである（European Commission Directorate-General for Regional and Urban Policy, 2010, p.xxvi）から、MDPの社会政策への移管を薦めるECAにとってもMDPへのそれの導入は望ましいと言える。

欧州委員会はCEC（2008b, p. 3）で、MDPに共同資金負担を導入した場合のEU負担率として2010～12年では75%、2013～15年では50%（結束基金対象国についてはそれぞれ85%と75%）を提案した。一部加盟国がこれに反対したため2010年の修正提案ではEU負担率は75%（結束基金対象国は90%）を超過しないという形に変更され、さらに先述のドイツによる提訴とその判決の後には共同資金負担そのものが取り下げられた。しかし欧州委員会は共同資金負担の導入への意欲を失わず、2012年のFEAD提案に再びそれを明記した。

さてCEC（2008b）で共同資金負担の導入を提案する際、欧州委員会は結束の補強という表現を用いたが、それ自身の規定によれば「EU結束政策の目的は、主としてEU構造投資基金を通じた、欧州地域間の経済的および社会的格差の削減である」[17]。したがって、共同資金負担を適用してMDPの結束という側面を補強するとは、困窮者の栄養状態の改善を通じて彼らの経済状況の向上および社会への参加のための基礎を固めることに加えて、彼らの地域的偏在を解消することが、それの導入によって可能になるという意味だと解釈できる。

3　MDPへの共同資金負担の導入は何を意味するか

MDPへの共同資金負担の導入に関してMenet（2009, p. 134）は次のように指摘している。すなわち現行MDPではCAPの財政連帯の原則に沿って必要資金すべてがCAP財源から支払われるが、共同資金負担が導入されればMDPが内包していた欧州レベルでの財政の再分配という特色が薄くなり、欧州の連帯のための政策としてのMDPは弱体化するのではないかという指摘[18]である。これを敷衍すれば、EU資金のみで運営されていたMDPに共同資金負担を適用することは、欧州委員会自身が望んだ結束の補強に逆行するのではないかという疑問に直面することになる。

Menet (2009) では共同資金負担に関して詳細な分析はなされていない。ここではその指摘がどのような意味で正しいのかを掘り下げたい。一方に所得が高く食事を楽しむ人がおり、その対極に何らかの支援なしには十分なカロリーを摂取できない人がいる。後者に食事を提供するMDPは明らかに両者の格差を縮める。共同資金負担のMDPへの導入はその資金規模を拡大し配給される食料を増やすから、食料へのアクセスに関して存在する個人間の格差を縮小させる、つまり個人間の結束向上に貢献する[19]。したがって共同資金負担の導入によるMDPの弱体化というMenet (2009) の指摘はEU市民一人ひとりを念頭に置いて述べられてはいない。

Menet (2009) の意図を酌むには次の2点を考慮しなくてはならない。第一に特定の場合を除き社会保障の提供の役割を担うのはEUではなく加盟国であり、栄養面での困窮者支援もその一例だという考えである。第二に共同資金負担を政策実施の原則の一つに数える結束政策では、EUによる支援の直接的対象はEU市民ではなく彼らを支援する加盟国だという考えである。これらを考慮すれば社会政策としてのMDPは直接的な困窮者支援措置というよりもむしろ困窮者を支援する加盟国への支援措置ということになる。これを前提としてMDPに関する資金負担の変化すなわちEUの全額負担から共同資金負担への変化を考察すれば、共同資金負担の導入がもたらすものは加盟国政府の財政負担の増大であり、しかも経済状況が芳しくなく困窮者を多く抱える加盟国ほど負担が重くなるという帰結である。つまりMDPの費用負担に関する加盟国間の結束という観点から見れば、共同資金負担の導入は格差を広げてしまう。したがってMenet (2009) で表明された危惧は個人間ではなく加盟国間の結束水準の低下に対するものである。

二つの加盟国XとYがありXにはMDPの対象となる困窮者が存在せずYには困窮者が生活しているとする。MDPがEU資金のみで運営されている場合このプログラムは事実上XからYへの再分配を意味する。ここでMDPに共同資金負担が導入されれば再分配の程度は相対的に低下し、MDPの費用負担に関してXはより軽く、Yはより重く責任を負うことになる。XよりもYの方が悪化した経済環境に直面していると考えれば、共同資金負担の導入はより状況の悪い国の負担を増やすことになるため、Menet（2009）が指摘したように加盟国間の結束水準は低下する。

もちろん共同資金負担の導入は資金規模の拡大を通じてMDPで利用可能な食料を増やし、より多くの困窮者に支援を届ける効果も伴う。しかしながらその効果が実際に現れるかどうかは、各加盟国がそれ自身の負担分を財政的に賄えるかどうかに依存する。

注

（1）2014年開始のMFFの原案、*A Budget for Europe 2020*（COM（2011）500 final）の中で欧州委員会は困窮者向け食料支援のために25億ユーロを計上し（Part1, p. 17）、それをCAPではなく欧州社会基金を財源とする政策に変更する（Part2, p. 33）と記した。ただし新基金の規模を25億ユーロにすることはMDPの規模縮小を意味する。欧州議会の雇用社会問題委員会は、困窮者向け資金の総額を2007〜13年MFFと同水準の35億ユーロに維持すること（つまり欧州委員会の25億ユーロという提案を拒否すること）を2013年5月20日に決議した（http://www.europarl.europa.eu/news/en/pressroom/content/20130520IPR08568/html/Social-affairs-committee-rejects-cut-to-fund-for-the-EU's-most-deprived）。

（2）FEAD案が示された後、FEADの資金規模、共同資金負担の加盟国負担率の差別化、そしてFEAD創設後のMDPへの参加を加盟国の義務とするか否かなどについて、欧州委員会、理事会および欧州議会で検討が進められた。その内容について例えば欧州議会第一読会（2013年6月10〜13日）の結論を参照（Council Doc. No. 10670/13）。

（3）市場調達に利用できる補助金の額は品目ごとに次の3点を考慮して決定され

た。第一に各加盟国が必要と申告した当該食料の数量、第二に介入在庫から調達できない食料の量、第三に前年度の申告量、加盟国への配分量および実際の利用量である。

(4) 穀物(cereal)とは、軟質小麦、デュラム小麦、飼料用大麦、醸造用大麦、オート麦およびトウモロコシを指す(Eurostat, 1999, p. 174)。

(5) 在庫量の増減は利用可能な生産量と輸入量の和から輸出量と国内利用量を引いて算出される(Eurostat, 1999, p. 88)。

(6) Case T-576/08 *Germany v Commission* [2009] *OJ C* 55/43.

(7) 個別授権原則については庄司(2013、pp. 29-31)を参照。

(8) Case T-576/08 *Germany v Commission* [2011] ECR II-01578.

(9) 2011年6月28日の農相理事会で少なくとも14の加盟国がMDP継続のための修正を要求した(Council Doc. No. 11835/11, p. 13)。

(10) FEADのサイト(http://ec.europa.eu/social/main.jsp?catId=1089&langId=en)に基づく。

(11) 予算拡大なしに食料支援以外の役目をMDPに付加することを好まない立場も存在した。例えばフランスのフードバンクは食料支援が政治的選択肢の一つとして見られ、食料支援向け資金の不足が解消されない可能性に懸念を表明していた(*AGRA Presse Hebdo*, 29 octobre 2012, p. 18)。

(12) ECA(2009, pp. 33-37)は本文中に記した2件の他に5件の提案を欧州委員会に行った。第一にMDPに関わる団体の多くがボランティアで、受給者は通常の行政や管理の方法を受け入れ難い人であることを考慮して、受給者と関与団体の選定に役立つ実用的な優先順位を定めるべきである。第二に配給食料の多様性、食べ合わせおよび栄養価の向上のため、それを在庫由来の食品に限定するというルールを見直すべきである。第三に困窮者に食料が届くまでの過程が一様でないが、受給者への平等な対応を確保するためにそれの標準化を検討するべきである。第四に目標達成を示す指標を定めるとともに、MDP実施の目的を評価しやすい形でそれ示すように、加盟国を促すべきである。第五にMDPにおける食料の市場調達が自由な競争と価格形成を妨げてはならない。さらに商業ベースでの交換を廃止し、在庫農産物の市場での売却およびその売り上げによる配給食料の購入という手法に目を向けるべきである。

(13) 2008年9月17日に欧州委員会が最初のMDP改革案(CEC, 2008b)を公表するまでの簡潔な経緯はCEC(2008b, pp. 2-3)を参照。MDP改革について欧州委員会、理事会、欧州議会、欧州経済社会委員会および地域委員会の間でどのような意見交換があり、EU司法裁判所の判決を受けて欧州委員会が第三回提案(COM(2011)634 final)を2011年10月3日に示すに至ったかを知るには、同提案（p. 2）の「本提案の沿革」のリストとECA（2009）が参考になる。

（14）欧州委員会はMDPを技術的、政治的および法的に検討した結果（その検討内容はCEC（2008a））、CAPが今後もMDPの適切な枠組みであるとECAに伝えた（ECA, 2009, p. 54）。

（15）CEC（2008b, pp. 3-4）で示されたMDP改革案の要素は、本文中で論じる共同資金負担の導入と次の5点に整理できる。第一に配給食料は在庫および市場調達の二つを源泉とする。第二に配給食料の栄養バランスを考慮して、在庫食料とは無関係な食品も配給可能とする。第三に加盟国と関与団体の長期的な計画および入念な準備が求められるため3年間をひとまとまりとしてMDPを運営する。第四に加盟国はその国における食料配給プログラムに基づいて、支援の優先事項をこれまで以上に明確にする。第五に監視と報告を強化する。この欧州委員会による2008年MDP改革案はリスボン条約の発効および欧州議会の意見表明を経て修正されることになったが、修正提案（COM（2010）486 final）においても上記5点と共同資金負担は踏襲された。次いで本章第Ⅰ節2で示した欧州司法裁判所の判決の後2011年10月3日に公表された三度目の提案（COM（2011）634 final）では共同資金負担とMDPの3年計画への移行が除かれ（pp. 4-5）、同案が2013年までのMDPを形成した。

（16）結束政策とは欧州地域開発基金、結束基金および欧州社会基金を主たる財源として、一定水準以下の状態に置かれている地域、加盟国および個人を支援し、その状態を引き上げるための政策である。

（17）http://ec.europa.eu/health/health_structural_funds/policy/index_en.htm

（18）Menet（2009）では、共同資金負担の導入が欧州の連帯を脅かすかもしれないという危惧に基づき、経済状況や発展度合いが高水準ではない加盟国（具体的には結束基金対象国）へのより低い加盟国負担率の適用が提唱されている。なお政策経費をEUがすべて負担するのかそれとも加盟国も一部負担するのか、また後者の場合には加盟国間に負担率の差を設けるのかという問題についてOates（1977）の整理を参照。

（19）例えばEU機能条約第174条を根拠としてEUにおける結束とは地域間の格差是正を意味し、個人間のそれは意味しないという見解があるかもしれない。しかしMDPとFEADによる個人間の格差是正は、同条約第175条第3段落に根拠を持つ、社会的結束に貢献している（European Commission, 2012, pp. 2-3）。

第8章 アフリカ・カリブ海・太平洋諸国の特恵の浸食

EU (European Union) はそれと歴史的に深いつながりを持つアフリカ・カリブ海・太平洋諸国（African, Caribbean and Pacific countries: ACP）との関係を、世界貿易機関（World Trade Organization: WTO）の誕生を契機に変更した。この変更は、ロメ協定に基づいていた関係からコトヌー協定（2003年4月1日発効）を根拠とする関係への移行と表現できる。コトヌー協定ではACPとEUによる経済連携協定（Economic Partnership Agreement: EPA）の締結が約束されているが、この移行に伴ってACPがEUから得られる輸出の条件はどのように変わっただろうか。本章の目的はWTOとの整合性を重視するEUによる政策の変更が、ACPのEU農産物市場へのアクセスにどのような影響を与えてきたかを、特恵の浸食（preference erosion）という考え方を利用して検討することである。なおEUがWTOとの整合性を考慮して実施した政策変更としてロメ協定からコトヌー協定への移行とともに、マクシャリー改革以降の共通農業政策（Common Agricultural Policy: CAP）の改革を挙げることができる。

第Ⅰ節ではロメ協定の下でACPとEUがどのような関係にあったかを論じ、EUはACPを、その他の途上国とは区別して特別な地位に置いていたことを示す。第Ⅱ節ではコトヌー協定に基づく両者の関係を説明し、WTOの誕生によりロメ協定を維持しなくなったEUが途上国の中でACPだけを特別に遇することを止めたという事実を浮かび上がらせる。第Ⅲ節ではACPの特恵の浸食を説明した後、EUの農産物市場におけるACPの特恵が浸食されていることをその原因の明示とともに描写する。

I ロメ協定下のACPとEU

1 ロメ協定の特徴――非相互的貿易特恵

1975年1月に失効したヤウンデ協定の後を受けて、ロメ協定が欧州諸共同体（European Communities: ECs）とACPを結びつけることになった（表8－1を参照）。第一次ロメ協定の交渉は1973年7月から実施されたが、これに大きな影響を与えたのは第一に英国のECsへの参加（1973年）であり、第二に1964年に国連貿易開発会議（United Nations Conference on Trade and Development: UNCTAD）が成立した後に途上国の発言力が高まったという事実である（前田、2000、pp. 22-23）。

ヤウンデ協定はECs加盟国とその旧植民地との経済関係を規定していたため、英国がECsに加わる際に英国の旧植民地や英連邦諸国（特にアフリカ、カリブ海および太平洋の英連邦諸国）もECsと経済関係を結ぶことになった。そのため、ヤウンデ協定が失効しその後継としてロメ協定が発効する際には、アフリカ諸国だけではなくカリブ海や太平洋に存在する国もそれに含まれることとなった。

ロメ協定成立の直前期は、途上国の先進国に対する異議申し立てが強まった時期すなわちUNCTADの成立に始まり1974年の第6回国連特別総会（通称、国連資源特別総会）における新国際経済秩序（New International Economic Order: NIEO）宣言へと至る時期と重なる。この流れを象徴するのはUNCTADの三大要求[(1)]であろう。その内容は第一に途上国が輸出する一次産品の価格安定および価格が下落した場合の所得補償に先進国が貢献することである。途上国が一次産品部門の所得安定を基礎に工業部門の開発を開始しようとしてもそれに必要な技術と資金を十分には確保できない。そこで技術と資金を先進国が途上国に提供することが第二の要求である。そして先進国が途上国の工業品輸出に対する関税障壁を撤廃し一定のシェアを途上国に提供することが第三の要求である（本山、1982、p. 149）。ロメ協定の交渉がこのような流れから影響を受けたため、ECsからACP

表8－1　ACP－EU関係の変遷

協定	発効日	ACP参加国数
ローマ条約第4部に基づく連合関係（第一次EDF）	1958年1月1日	31
第一次ヤウンデ協定（第二次EDF）	1964年7月1日	18
第二次ヤウンデ協定（第三次EDF）	1971年1月1日	18
第一次ロメ協定（第四次EDF）	1976年4月1日	46
第二次ロメ協定（第五次EDF）	1981年1月1日	58
第三次ロメ協定（第六次EDF）	1986年5月1日	65
第四次ロメ協定（第七次EDF）	1991年9月1日	68
修正第四次ロメ協定（第八次EDF）	1997年2月1日	70
コトヌー協定（第九次EDF）	2003年4月1日	77

出典：前田（2000）、p.341。
注：ローマ条約第4部に基づく連合関係を結んだACPはすべてOCTであり、その一部は第一次ヤウンデ協定以降AASMとなった。第二次EDFの開始とともにOCTは本表から除外される。また第一次ヤウンデ協定と第二次ヤウンデ協定に参加したACPはAASMである。
引用者注：EDFは欧州開発基金（European Development Fund）の略。
ヤウンデ協定とは主に旧フランス植民地で構成されるアフリカ・マダガスカル連合諸国（Associated African States and Madagascar: AASM）18ヵ国とECs加盟国との連合関係の形成を取り決めた協定である。ヤウンデ協定およびそれ以前のECsとアフリカ諸国との関係については前田（2000、第1章）を参照。
OCT（Overseas Countries and Territories）とは、欧州経済共同体の設立条約が調印された1957年3月当時その加盟国が宗主権を及ぼしていた国や地域であり、フランス、イタリア、ベルギーおよびオランダの海外領土を指す。OCTのCountriesとはフランス、ベルギーおよびイタリアが持っていた国連信託統治領である（川崎、2004（2）、p.34）。

への支援という色彩がロメ協定で濃くなった。

ECsからACPへの経済支援を記したロメ協定の特徴を表す要素は非相互的貿易特恵である[(2)]。ヤウンデ協定がアフリカ諸国と相互主義的な自由貿易地域を形成したこととは対照的だが、ECs加盟国はロメ協定でほぼすべてのACP産品が無関税でECs市場に流入することを承認する一方で、同様の待遇をACPに求めなかった（ACPのECs産品に対する待遇は通常の最恵国待遇だった）。この措置によりACPからECsへの輸出品の9割以上は無関税で海を越えた。しかも単にACPからの輸入を無関税とするだけではなく、ACPには累積原産地規則が適用された。これはACPを単一関税地域とみなし各商品についてACP各国で加工された部分の合計を原産地認証の対象とするという規則である。これによりACPにおける工業開発と共同市場形成が期待された[3]（前田、2000、p. 28）。

2　ロメ協定下のACPからECsへの農産物輸出[4]

ロメ協定に基づき多くのACP産品が無関税でECsに流入したが、農産物についてはECsへの輸出に制約を受ける品目と受けない品目に分かれた。制約を受けなかったのはECsで生産されない品目で、この種のACP農産物は無関税でECsに輸出された。それに対してCAP対象品目のECsへの輸出は一定の制限を受け、ACPは品目ごとに異なる小幅な特恵マージン（preference margin[5]）を受け取った。

これらとは別にラム酒、砂糖、牛肉およびバナナの4品目については商品別プロトコルが定められた[6]。ECsはプロトコルに基づきこれら4品目の輸入について一定の数量まで無関税または低率の関税で受け入れた。牛肉を例に取るとECsはACP産牛肉の輸入関税を90％削減した。とはいえ、1976年の数値だが、約650万トンの牛肉を消費するECsが受け入れた全牛肉輸入量約38万トンのうち約2.2万トンがACPからの輸入で、ACP産牛肉のシェアは全消費量に対して0.3％、全輸入量に対して5.8％に過ぎない[7]。ACPを支援するための輸入という評価基準を設定するとき、この輸入量は取るに足らない程度の数値でありACPを満足させるものではなかっただろう。

しかしながらプロトコルによる制限措置はACPに一定の利益をもたらしたと考えることもできる。というのは、例えば牛肉についてプロトコルの存在によりACPは一定量をECsに輸出することが保証され、しかもその価格は世界価格よりも高い域内価格だった（すなわちかなりの特恵マージンがACPにもたらされることになった）からである。ロメ協定の発効は1976年だが、牛肉の1974～78年におけるECsの域外からの輸入は金額でも数量でも半減しているのに対して、同期間のACPからの輸入は3倍以上になっている。これと同様の傾向は砂糖についても見られる(前田、2000、pp. 162-165)。したがってロメ協定は農産物に関して、ACPに必ずしも十分な支援を提供したとは言えないが、少なくとも特定の産品について非ACP途上国よりも有利な条件をACPに与えたと言える。

II コトヌー協定とACPの待遇

1 ロメ協定失効後のACP－EU関係
――WTOルールに対する整合性とコトヌー協定

ACPはロメ協定のおかげで他国よりも有利な条件でEU市場にアクセスできた。ロメ協定が効力を発揮している間ACPはEU市場の貿易特恵ピラミッドの頂点に位置しつづけたと表現してもよい。特恵ピラミッドとはEU市場への輸出条件が有利な順に貿易相手国を並べたものである。表8－2に示したように、EU向け輸出を行うとき最恵国待遇を受ける日本や米国よりも一般特恵関税制度 (Generalized System of Preferences: GSP[8]) の適

表8－2 ロメ協定時のEU市場の貿易特恵ピラミッド

スキーム	対象国
ロメ協定	ACP
EEAおよび関税同盟	アイスランド等
EPA(自由貿易協定を含む)	連合協定締結国など
スーパー GSP	後発開発途上国
GSP	途上国
最恵国待遇	

出典：渡辺 (2004、p.48)、表1に加筆。
引用者注：上位に記されているスキームにおいて、EUは対象国に、より有利な貿易条件を供与している。EEA (European Economic Area: 欧州経済領域) 協定は、EUとアイスランド、リヒテンシュタインおよびノルウェーとの間で結ばれ、1994年1月1日に発効した。この協定によりヒト、モノ、サービスおよび資本の自由な移動が認められるが、一部の農産物と水産物はその対象から外れている。

用を受ける途上国の方が有利な条件で輸出を実施でき、それよりも後発開発途上国の方が有利な条件で輸出できるというように、EUから受ける貿易待遇には序列がある。ACPはロメ協定の存在により、その最上位に位置づけられてきた。

しかし2000年2月末にロメ協定が失効[9]すればACPは特恵ピラミッドの頂点から滑り落ちることになる。なぜならその後のACPとEUの関係を規定する協定はWTOのルールに対して整合的でなくてはならず、これまで通りの待遇はACPに認められない可能性が高かったからである。ACPがWTOとの整合性を保ちつつEUから何らかの形で特別待遇を受けるとすれば、選択肢は次の三つしかなかった（Stevens, 2002b, ch.2）。

第一は授権条項（Enabling Clause）に基づく特別待遇である。先進国が途上国に対して先進国よりも有利な待遇を供与してもよいと取り決めた授権条項は、ACPだけを特別扱いしたものではなく途上国全体を優遇する。そのため、ロメ協定に基づいて他の途上国よりも優遇されてきたACPの立場からすれば、ロメ協定失効後に授権条項に基づく特恵が供与されるという事態は事実上待遇の悪化である。ACPが求めたのは、ロメ協定下の待遇のように他の途上国よりもEU市場への有利なアクセスを可能とする待遇である。

第二の選択肢はウェーバーを獲得することである。WTO加盟国は総会で75%以上の同意を得られればWTOの義務を回避できる。しかし現実にウェーバーを獲得するには事前に多くの加盟国と交渉する必要があり、それゆえ特定国だけに高水準の特別待遇を供与するウェーバーは承認されにくい。したがって、非ACP途上国のEU市場へのアクセスが強く制限されているにもかかわらず、ACPに対してはそれへの無関税輸出を認めるというウェーバーは実現しないだろう[10]。

第三の選択肢はGATT第24条に基づいて自由貿易協定（Free Trade Agreement: FTA）を締結する（または関税同盟を形成する）場合である[11]。FTAによって自由貿易地域を形成するには、それの形成後に域外国への貿易障壁を高めてはならず、地域内の実質的にすべて[12]の貿易に関して制限措置を除去しなくてはならず、そして合理的な期間内（通常10年以内）に自由貿易地域を完成させなくてはならない。

三つの選択肢を検討したことからわかるように、EU市場へのアクセスに関してACPがFTAを利用せずに他の途上国よりも有利な待遇を受けることは難しい。またACPとEUのFTA締結は、いわゆる『グリーンペーパー』（European Commission, 1996）[13]から判断してEUにとっても望ましい。『グリーンペーパー』（第2章）では、ロメ協定に基づいてACPに供与された貿易特恵が広範かつ濃密なものであるにもかかわらずACPの輸出能力は強化されず、その多様化は成功せず、さらにはEU市場におけるACP産品のシェアが低下しているという事態の原因はACP側にあると述べられている。すなわちインフラが整備されず企業家精神が欠如していることおよびマクロ経済的安定やグッドガバナンスなどを達成する政策が実施されていないことこそ、ACPが成長を享受できなかった原因であるとしている。これは、過去の歴史に起因するACPへの特別待遇を放棄し、国際通貨基金（International Monetary Fund: IMF）・世界銀行型のコンディショナリティやWTOルールに立脚した新たなACP-EU関係の構築を宣言したものと解釈できよう[14]。こうした姿勢を見せるEUが非ACP途上国を差別した形でACPと取り結ぶ経済関係はFTA以外にないだろう。

ロメ協定時と同様の待遇を享受したいというACPの希望は、WTOとの整合性を重視するEUの姿勢に直面し、叶えられることはなかった。ロメ協定失効後のACP-EU関係はコトヌー協定（2000年6月調印）によって規定されることになった。それを特徴づける最大の要素は、EPA（FTAを含む包括的な経済関係）を2007年末までに結ぶことであった[15]。

2　ACPの地域グループへの分割

2008年に発効することがコトヌー協定で決められたACPとEUのEPAは、ACPを単一のグループとはみなさないという点でロメ協定と決定的に異なる。EPA交渉の第一段階は2002年9月から翌年9月まで実施され、この段階ではACPが一体としてEUとの交渉に臨んだ[16]。しかしそれ以降はACPが地域グループに分かれそれぞれがEUとEPA交渉にあたっている。つまりACPとEUのEPAは一つしか存在しないわけではなく、ACPの地域グループごとにEUと締結されることになった。

ACPのグループ化を招く一つの要因は、EU市場へのアクセスに関するACP各国の状況である。それにしたがってEPA発効後のACPを分類するとすれば次のように分けられる。第一は後発開発途上国(Least Developed Countries: LDC[17])である。それには本章注8で示したとおりEBAが適用される。第二のグループは、非後発開発途上国でEPAを結ばないACPである。ACPのすべてがEPAに参加するわけではなく、参加するか否かは各国の判断に任せられている。このグループに属するACPは他の途上国と同じ扱いを受けGSPが適用される。そして最後にEUとEPAを結ぶグループである。なおACPとLDCの一覧を表8-3に示した。

ACPは一体性を保つことを要求してきたにもかかわらず、そのグループ化が生じる理由が他にもある。EUの主張によればグループ化によってACPが抱える個別的なニーズに応えやすくなるからである。ACPはアフリカ、カリブ海および太平洋に分散しており単一の経済グループとして扱うことには無理がある。またアフリカ諸国はすでにいくつもの地域グループ[18]を形成していた。それらは独自の経済状況やニーズを抱えているため、その事情に合わせてEPAを結ぶ方が、ACP全体とEUがEPAを結ぶよりも双方にとって利益が大きい。

この種の主張には次のような批判も存在する。すなわちACPのグループ化とは経済的に成功しているACPとそうではないACPを分断する作業であり、それはEUが世界的に展開しているEPA戦略[19]に貢献できる地域グループだけがEUとの経済関係を強化できるということを意味している。コトヌー協定はEPA推進を通じた地域統合の促進を目指しているが、現実に生じるのはACP内の格差拡大である[20](Hormeku and Ofei-Nkansah,

表8－3　ACPとLDCの一覧

ACP79カ国（2016年2月時点）		非ACP
非LDC	LDC48カ国（2015年12月11日時点）	
アンティグア・バーブーダ	ハイチ	アフガニスタン
ガイアナ	アンゴラ	バングラデシュ
キューバ	ウガンダ	ブータン
グレナダ	エチオピア	カンボジア
ジャマイカ	エリトリア	ラオス
スリナム	ガンビア	ミャンマー
セントビンセントおよびグレナディーン諸島	ギニア	ネパール
セントクリストファー・ネーヴィス	ギニアビサウ	南スーダン
セントルシア	コモロ	イエメン
ドミニカ国	コンゴ民主共和国	
ドミニカ共和国	サントメ・プリンシペ	
トリニダード・トバゴ	ザンビア	
バハマ	シエラレオネ	
バルバドス	ジブチ	
ベリーズ	スーダン	
ガーナ	赤道ギニア	
カーボヴェルデ	セネガル	
ガボン	ソマリア	
カメルーン	タンザニア	
ケニア	チャド	
コートジボワール	中央アフリカ	
コンゴ共和国	トーゴ	
ジンバブエ	ニジェール	
スワジランド	ブルキナファソ	
セーシェル	ブルンジ	
ナイジェリア	ベナン	
ナミビア	マダガスカル	
ボツワナ	マラウイ	
南アフリカ	マリ	
モーリシャス	モザンビーク	
クック諸島	モーリタニア	
サモア	リベリア	
トンガ	ルワンダ	
ナウル	レソト	
ニウエ	キリバス	
パプアニューギニア	ソロモン諸島	
パラオ	ツバル	
フィジー	バヌアツ	
マーシャル	東ティモール	
ミクロネシア		

出典：ACPについてそのホームページ（http://www.acp.int/content/secretariat-acp）、LDCについて国連ホームページ（http://www.un.org/en/development/desa/policy/cdp/ldc/ldc_list.pdf）。

2001)。

このような批判は的を射ている。しかしEUとコトヌー協定を結んだすべてのACPが一つにまとまってEUとEPAを結ぶとすれば解決しがたい問題に直面する。それはどの品目を自由化対象から除外するかについて簡単には決められないという問題である。EPAを結ぶ場合実質的にすべての貿易を自由化しなくてはならないが、先に述べたとおり実質的にすべてとは90%以上を意味し(注12を参照)、したがって総貿易の10%以下であれば貿易制限を継続してよいことになる。しかしACPが自由化対象から除外される品目をそれぞれ独自に選ぶことができるわけではなく、EPAを結ぶACP地域グループは自由化しない品目をグループ内である程度統一してリストアップしなくてはならない[21]。そこで問題になるのが各国の希望をどのようにして調整するかである。Stevens and Kennan (2005, p. 3)によれば、どの品目を自由化対象から除外したいかについてACP各国の希望を調査したところ、共通した品目はほとんど選ばれなかった。それゆえEPA締結を実現しようとすれば調整を容易にするためにACP全体でのEPA締結を断念せざるを得ない[22]。

EU側にも、ACPの全体ではなく、その地域グループとのEPA締結を望む理由があった。EUがACPとEPAを結ぶにあたって考慮したことは、重要農産物の市場保護をいかにして継続するかである。ロメ協定においても、CAP対象品目だけはEU市場にアクセスすることを制限されていた。ロメ協定が失効し新たにEPAが結ばれてもこの措置を継続できるかどうかはEUにとっての重大な関心事である。しかし欧州委員会はEPA締結の結果としてCAPが深刻な影響を受けるとは考えなかった。その理由は次の通りである。2007年末まではEPA発効のための準備期間でありこの間にEPAの内容が協議される。その際ACPはいくつもの地域グループに分割されそれぞれがEPAの内容についてEUと協議することになるため、EUは自由化する品目としない品目を交渉相手ごとに変えることが可能となる。例えばEUが自由化を望まない品目に牛肉がある。牛肉を生産しその輸出能力もあるACP地域グループとの交渉ではEUは牛肉の自由化を実施せず、逆にそのような能力のないACP地域グループとの交渉では牛肉の貿易を自由化するという交渉戦略を採用すれば、EUは事実上EU産牛肉の保護を継続しながら実質的にすべての貿易の自由化という義務を果たすことができる。ロメ協定の下では一体の交渉相手として存在してきたACPを地域グループに分割することによって、重要農産品の市場保護とEPAとの両立が実現可能だと考えられていた(Raffer and Singer, 2001, p. 116)。

3 EPAを結んだACPは優遇されるか？

ACPとEUとのEPA締結がどのように進展してきたかを、European Commission (2015, pp. 12-15) を利用して確認する。ACPを構成する六つの地域グループ（表8-4を参照）すなわち西アフリカ（2003年10月)、中央アフリカ（同)、東南アフリカ（2004年2月)、カリブ海（2004年4月)、南アフリカ[(23)]および南部アフリカ開発共同体（2004年7月）ならびに太平洋(2004年9月)の各グループがEUとのEPA交渉を括弧内の時期に公式に開始し、東アフリカ共同体[(24)]もそれに続いたが、交渉速度は遅く2007年初頭になってもコトヌー協定を継ぐ合意は誕生しなかった。EPAの交渉期限が2007年末であったため欧州委員会は交渉を二つに分けることを承諾した(2007年10月)。まず2007年末までに財貿易のFTA（暫定EPAと呼ばれる）を締結することにより、2008年からEU市場にアクセスできなくなる事態を回避したいACPに配慮し、その後で包括的なEPAをACPの地域グループと結ぶための交渉を継続することになった。

2007年末までにEPAまたは暫定EPAに仮調印したが、批准が遅れている等の理由により2008年になってもそれを適用できていないACPに対して、EUは市場アクセス規則（規則1528/2007）に基づき無関税無割当のEUへの輸出を認めた。対象となる品目は牛肉、乳製品、穀物ならびにすべての野菜および果物を含んだ。移行期間を設けた米と砂糖を除きEUは2008年1月1日から市場アクセス規則に基づく輸入を受け入れた。

表8－4　EUとEPAを締結するACP

地域グループ	2015年10月時点の状況
西アフリカ	西アフリカ地域の下記16カ国、ECOWAS、WAEMUおよびEUはEPAにすでに仮調印している。 ベナン、ブルキナファソ、コートジボワール、ギニアビサウ、マリ、ニジェール、セネガル、トーゴ（以上8カ国はECOWASとWAEMUに加盟）、カーボヴェルデ、ガンビア、ガーナ、ギニア、リベリア、ナイジェリア、シエラレオネ（以上7カ国はECOWASに加盟）、モーリタニア。
中央アフリカ	2009年にカメルーンはEUとの暫定EPAに署名した。中央アフリカ地域の8カ国（カメルーン、中央アフリカ、チャド、コンゴ共和国、コンゴ民主共和国、赤道ギニア、ガボン、サントメ・プリンシペ）は現在EUとのEPA交渉を実施している。
東南アフリカ	2009年8月にマダガスカル、モーリシャス、セーシェルおよびジンバブエはEUとの暫定EPAに署名した。東南アフリカ11カ国（上記4カ国とコモロ、ジブチ、エリトリア、エチオピア、マラウイ、スーダン、ザンビア）は現在EUとのEPA交渉を実施している。
カリブ海	2008年10月、カリブ海地域の14カ国（アンティグア・バーブーダ、バハマ、バルバドス、ベリーズ、ドミニカ国、ドミニカ共和国、グレナダ、ガイアナ、ジャマイカ、セントルシア、セントビンセントおよびグレナディーン諸島、セントクリストファー・ネーヴィス、スリナム、トリニダード・トバゴ）がEUとのEPA（CARIFORUM-EU Economic Partnership Agreement）に署名した。2009年12月にハイチもこれに署名したが批准を延期しこれを適用していない。
SADC	2014年7月15日にSADC加盟国のうち6カ国（ボツワナ、レソト、モザンビーク、ナミビア、南アフリカ、スワジランド）とEUはEPA交渉を妥結させた。アンゴラはこの合意に参加する可能性がある。これら以外のSADC加盟国（コンゴ民主共和国、マダガスカル、マラウイ、モーリシャス、ザンビア、ジンバブエ）は別の地域グループの構成国としてEPA交渉に臨んでいる。
太平洋	2007年にパプアニューギニアおよびフィジーとEUとの暫定EPA交渉は妥結した。2011年1月に欧州議会が、同年5月にパプアニューギニアが暫定EPAを批准した後、2014年7月にフィジー政府がそれの適用を決定した結果、現在では三者がそれを履行している。包括的EPAの交渉がEUと太平洋地域の14カ国（クック諸島、フィジー、キリバス、マーシャル、ミクロネシア、ナウル、ニウエ、パラオ、パプアニューギニア、サモア、ソロモン諸島、トンガ、ツバル、バヌアツ）および米領サモアとの間で現在実施されている。
EAC	2014年10月16日、EAC5カ国（ブルンジ、ケニア、ルワンダ、タンザニア、ウガンダ）とEUは地域間EPA交渉を妥結させた。

出典：ACPとのEPAに関するEUのサイト（http://ec.europa.eu/trade/policy/countries-and-regions/development/economic-partnerships/）から各地域グループのサイトにアクセスできる。

注：略語については次の通り。
CARIFORUM: Caribbean Forum（カリブ海フォーラム）.
EAC: Eastern African Community（東アフリカ共同体）.
ECOWAS: Economic Community of West African States（西アフリカ経済共同体）.
SADC: Southern African Development Community（南部アフリカ開発共同体）.
WAEMU: West African Economic and Monetary Union（西アフリカ経済通貨同盟）.

しかし暫定EPA の批准および地域グループによる交渉の妥結に必要な手続きを進めないACPが存在することを理由に、EUは市場アクセス規則を規則527/2013により修正した。修正後にEU市場への無関税無割当のアクセスが認められるのは、2014年10月1日までに暫定EPAを批准または適用したACPおよび地域グループによるEPAを妥結したACPに限られた(LDCにはEBAによる無関税無割当のアクセスが認められる)。これら以外のACPにはGSPが適用されることになった。

ロメ協定の下ではACPは特別な地位にあったが、それが失効した後のACP（LDCを除く）はEUとEPAを結ばない限りEU市場への特別なアクセスを許可されなくなった。EPAを締結したとしても、ACPが他の途上国よりも貿易面で有利な地位を確保できるとは限らない。なぜならEUは先進国か途上国かを問わず世界各国と貿易協定を結ぶことに熱心だからである[(25)]。例えばモロッコなどの北部アフリカ諸国とEUは連合協定を締結している。さらに近年では東南アジア諸国連合（Association of South East Asian Nations: ASEAN）とのFTA締結にEUは動きだし、シンガポールおよびマレーシアとは2010年に、ベトナムとは2012年に、タイとは2013年に交渉を開始した。さらに南米南部共同市場(Mercado Común del Sur: MERCOSUR)とのFTA交渉は停滞していたが、2010年に再開され交渉が継続している。ACPに有利な特恵ピラミッドはもはや存在していない。

Ⅲ 農産物に関するACPの特恵の浸食 ――CAP改革のACPへの影響

1 特恵の浸食とは何か

EUがACPに与えた貿易上の特別待遇は、ACPをその他の途上国とは区別しなくなったという意味において、消滅している。この事実は特恵の浸食という考え方と関連している。

表8-5に示した3カ国X、Y、Zはそれぞれ、ある生産物のEU向け輸出

を実施する際に、最恵国待遇を受ける国（X）、最恵国待遇よりも有利な貿易条件を与えられた国（Y）および両者の中間の待遇を受ける国（Z）である。例えばYはLDC、Zは通常のGSPが適用される途上国を想定できる。

表8－5の初期状態について、EUが最恵国待遇の対象国に20%の関税率を適用すると同時に、YとZには何らかの貿易特恵を通じてそれぞれ5%および10%の関税率を適用しているとする。またEUはX、YおよびZからそれぞれ5,000ユーロ、2,000ユーロおよび4,000ユーロの輸入を行っているとする。このときYとZが最恵国待遇を適用された国Xと比較してどの程度有利な貿易条件を獲得しているかは、eとfの項目に記されている。Yについて、関税率が15%ポイント低いことによってそれの輸出に伴う関税額は300ユーロ少なくなり、Zについてはそれが400ユーロ少なくなる。この比較方法の限界は最も不利な条件を受けている国（X）との比較しかできない点にある。

この限界を克服し、競合するすべての国の待遇を考慮して比較するときに利用されるのが、調整された特恵の価値（表8－5の項目i）である。まず調整された最恵国待遇関税率（g）は、EUに徴収される競合国の関税額（d）の総額を、競合国のEU向け輸出額（c）の総額で除すことにより算出される。例えばYのそれは（1,000＋400）/（5,000＋4000）で計算できる。次に調整された最恵国待遇関税率から実際に適用される関税率（b）を減じた値が調整された特恵マージン（h）である。さらにこの値にEUの輸入額（c）を乗じれば調整された特恵の価値が得られる。この値は、第一にEU市場で適用される様々な関税制度のおかげで（またはそのせいで）ある国が関税についてどの程度得（または損）をしているかを示し、第二にすべての国の待遇が同じ（最恵国待遇）である場合、すべての国でゼロになり、そして第三に3カ国の中で最も不利な貿易条件を与えられているXについて、マイナスとなる。

次にEUが最恵国待遇の関税率を15%に変更した（25%引き下げた）場合、すなわち表8－5（2）の事例を考える。このときX、YおよびZの調整

表8－5　適用される関税率の相違と特恵の価値

	a	b	c	d	e	f	g	h	i
	最恵国待遇の関税率（%）	実際に適用される関税率（%）	EUの輸入額（ユーロ）	徴収される関税額（ユーロ）	特恵マージン（%）	特恵の価値（ユーロ）	調整された最恵国待遇関税率（%）	調整された特恵マージン（%）	調整された特恵の価値（ユーロ）
算出方法				b×c	b-a	c×e	注	g-b	c×h
（1）初期									
X国	20	20	5,000	1,000	0	0	8.33	－11.67	－583.3
Y国	20	5	2,000	100	15	300	15.55	10.56	211.1
Z国	20	10	4,000	400	10	400	15.71	5.71	228.6
（2）最恵国待遇の関税率が25％引き下げられた場合									
X国	15	15	5,000	750	0	0	8.33	－6.67	－333.3
Y国	15	5	2,000	100	10	200	12.78	7.78	155.6
Z国	15	10	4,000	400	5	200	12.14	2.14	85.7

出典：European Commission（2015, p.95）およびLow, Piermartini, and Richtering（2006, appendix B）に加筆。
注：調整された最恵国待遇関税率（g）は、EUに徴収される競合国の関税額（d）の総額を、競合国のEU向け輸出額（c）の総額で除すことで得られる。例えば初期のX国のそれは、(100＋400)／(2,000＋4,000）で算出される。

表8－6　EUが農産物・食品の輸入に課す平均関税率（%）

年	輸出国				平均関税率の差	
	世界すべて	途上国		非途上国	非途上国とACPの差	非ACP途上国とACPの差
		ACP	非ACP途上国			
2000	3.53	0.67	3.55	4.91	4.24	2.88
2001	5.88	4.06	5.49	7.17	3.12	1.44
2002	4.26	0.95	4.57	5.47	4.52	3.61
2003	3.83	0.72	4.17	4.83	4.11	3.45
2004	3.71	0.77	3.73	5.90	5.13	2.96
2005	3.77	0.44	4.36	4.98	4.54	3.92
2006	3.67	0.46	3.90	5.33	4.87	3.44
2007	3.34	0.41	3.84	4.60	4.19	3.43
2008	3.12	0.30	3.46	4.72	4.42	3.16
2009	3.15	0.26	3.48	4.80	4.55	3.23
2010	3.75	0.22	4.48	4.74	4.51	4.25
2011	3.21	0.20	3.61	4.83	4.63	3.41
2012	2.92	0.26	3.33	4.59	4.32	3.07

出典：European Commission（2015), p.100, table 6.5.2.
注：例えば2001年のACPのように、前後と比較して数値が大幅に異なる場合がある。それは輸入量が関税割当を超過したときに、超過分に対する関税率が大きくなるためである。
引用者注：国と品目（HS6桁）によって特定される関税率のすべてを、貿易額をウェイトにして集計した数値から平均関税率が算出された。

された特恵の価値はそれぞれ－333.3ユーロ、155.6ユーロおよび85.7ユーロと算出される。初期状態と比較した場合、Xのそれは依然として負であるが絶対値は小さくなっていることから、XのEU市場での待遇は改善されたと判断できる。他方YとZについて、正の値であるがやはり絶対値は小さくなっていることから、両者の待遇は悪化したと言える。YとZに提示されるGSP等の特恵に変化がなくても、輸出先で競合するXの貿易条件が改善されれば、YとZの特恵の価値は事実上減少してしまう。このように最恵国待遇よりもよい貿易条件を獲得している国が実際に享受できる利益の減少に直面したとき、その国の特恵が浸食されたと表現される。特恵の浸食は、それを被る国の貿易条件の悪化が生じていなくても、競合国の状況の変化や輸出先市場での価格変化によって起こりえる。

2　ACPの特恵は浸食されているか

EUが例えばアジアや南米の途上国とのFTA締結を進めていることによりACPの特恵は浸食されているとACPの首脳は不満を吐露している[26]。FTA締結に加えて、EUがGSPプラスとEBAを導入したこともACPの特恵の価値を減じてきたと推測される。図8－1に示した通り、ACPからEUへの農産物輸出は名目額では増加しているが、EUの途上国からの農産物輸入についてのACPのシェアは低下している。これを引き起こした要因[27]の一つがEU農産物市場におけるACPの相対的な待遇悪化であり、それゆえシェア低下は特恵の浸食の現れと考えられる。

ACPの政治家だけではなくそれを分析対象とする研究者も、ACPのEU市場における特恵が浸食されているかという論点に関心を持っている。この論点を扱った研究として例えばKopp, Prehn, and Brümmer（2011）があり、これはEBAの適用が砂糖部門に与えた影響を分析している。この分析の背景には三つの事実が存在し、第一に砂糖はその多くが貿易の対象になっているという特徴を持つこと（2005年には世界の総生産の31％が輸出された）、第二に砂糖部門のEBAは2006年に開始された[28]こと、第三に

図8－1　ACP産農産物のEUによる輸入（名目額とシェア）

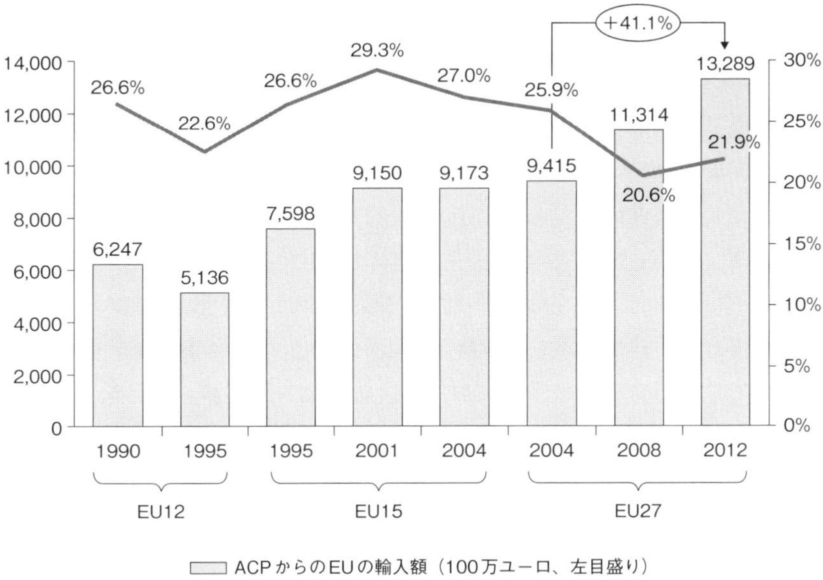

出典：European Commission (2015), p.22, Figure 3.1.2.

EUは砂糖を強く保護していたためにその域内価格は世界価格の3倍を上回る時期もあったが、EBA適用後両者の差は縮小し2010年以降それは消滅したことである(表8－7の砂糖の項目を参照)。Kopp, Prehn and Brümmer (2011) は、グラビティ・モデルを用いてACPおよびLDCからEUへの砂糖の輸出を分析した。この研究はEBA導入前と比較して導入後のACPの状況が悪化した、すなわちACPの特恵は浸食されたという実証結果を示した。なお特恵の浸食を確実に被ったと示されたのは、LDCではないACPだけである[(29)]。

財と制度をそれぞれ砂糖とEBAに限定したKopp, Prehn, and Brümmer (2011) の分析とは対照的に、European Commission (2015, pp. 99-101) は

EU市場に流入した農産物・食品すべてを対象にしてACPの特恵の浸食が生じているかを検証した。この研究はUNCTAD World Integrated Trade Solutionデータベースを利用して、EUが四つのグループ(世界全体、ACP、非ACP途上国、非途上国)から輸入する農産物・食品に平均して何パーセントの関税率をかけているかを計算した(表8-6を参照)。もしもACP産農産物・食品について特恵の浸食が生じているならば、ACP以外の国に課される平均関税率は低下し、ACPに課されるそれの水準に迫っていると想像される。しかし表8-6のもっとも右にある二つの列の数値は、この想像が現実ではないと示している。非ACPの待遇の改善を根拠とするACPの特恵の浸食は、分析対象を農産物・食品全般とした場合には確認されない。

ここまでACPの特恵の価値をEBAなどの輸入制度および関税率に関連づけて論じてきたが、それは輸入市場における価格にも左右される。Stevens (2002a, box.2) によるとACPがEUから特恵を供与されている状態とは、ACPが特別待遇により輸出面で競争上有利な立場に置かれる場合か、ACPからEUに輸出される財の価格にプレミアムが付加される(つまり世界市場価格よりも高価格でEUがACP産品を輸入する)場合であるため、ACPの競争相手の状況が改善した場合に限らず、価格プレミアムが減少した場合すなわちACPに提示するEU価格が低下して世界市場価格に接近した場合にもACPの特恵の浸食が発生する[(30)]。

これを図で表現したものが図8-2である。EUでの価格が低下すればACPの厚生も低下し(図8-2-a)、場合によってはそれどころかACPが輸出できなくなってしまう(図8-2-b)。

表8-7に示されたようにEU価格の下落および世界市場価格への接近は現実に生じ、品目によっては両者が一致している。この事実は、ACPが農産物をEUに輸出するメリットの減少を単に意味しているだけではない。ACPは特恵ピラミッドの頂点にいたからこそ、EUから特恵を供与されてきた国の中でもとりわけ大きな痛手を被ることも意味している。EUの域内価格の低下はマクシャリー改革以降のCAP改革に起因していることか

図8－2　EU市場での価格下落がACPに与える影響

図8-2-a

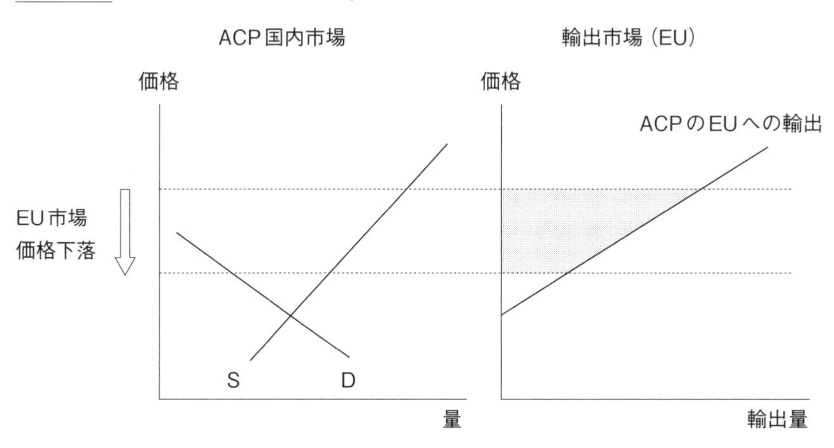

図8-2-b

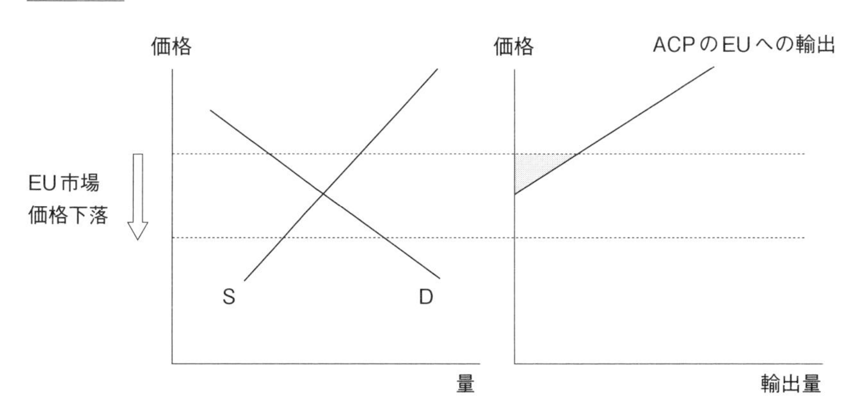

出典：Kopp, Prehna, and Brümmer（2011）, Figure 2, 3 に加筆。
注：色を付けた部分が、EU市場の価格下落に伴うACPの厚生の減少を示す。

表8－7　EU市場における農産物価格の推移（1986－2013年）

年	1986	1987	1988	1989	1990	1991	1992	1993	1994	1995	1996	1997	1998	1999
小麦	119	143	94	31	57	146	65	58	48	16	0	0	25	35
大麦	157	233	85	45	94	118	102	105	100	41	2	7	62	42
トウモロコシ	110	170	79	62	107	120	102	69	45	53	14	19	31	37
米	126	184	140	130	141	138	138	105	132	88	33	30	17	0
菜種	0	0	0	0	0	0	0	0	0	0	0	0	0	0
砂糖	236	285	184	83	100	179	197	160	127	120	139	141	181	238
牛乳	361	518	188	79	93	100	89	89	87	87	145	89	115	116
牛肉	134	106	81	85	102	156	106	74	62	51	51	98	112	119
豚肉	0	8	31	18	17	32	1	15	16	10	9	4	8	38
鶏肉	30	49	59	53	64	56	80	74	71	69	50	33	36	44
トマト	17	15	15	0	2	0	0	8	11	0	2	0	0	0
年	2000	2001	2002	2003	2004	2005	2006	2007	2008	2009	2010	2011	2012	2013
小麦	6	0	0	1	0	0	0	0	0	0	0	0	0	0
大麦	1	0	0	1	0	0	0	0	0	0	0	0	0	0
トウモロコシ	9	1	0	25	12	17	11	30	0	0	0	0	0	0
米	0	39	22	16	13	5	23	24	23	15	0	10	0	0
菜種	0	0	0	0	0	0	0	0	0	0	0	0	0	0
砂糖	182	143	166	252	225	176	65	93	77	18	0	0	0	2
牛乳	68	39	85	82	65	37	24	0	10	0	0	0	0	0
牛肉	100	113	136	88	81	92	90	74	38	48	13	11	39	58
豚肉	16	15	11	15	16	7	6	0	0	0	2	0	0	2
鶏肉	41	35	44	48	77	51	40	64	50	59	40	30	25	11
トマト	0	0	0	2	0	0	0	8	10	0	7	3	2	3

出典：European Commission（2015）, p.98, table 6.5.1.

引用者注：ここに示された数値は、EUの生産者価格が世界市場価格よりも何%高いかで示されている。

ら、それがACPの特恵を浸食してきたと言える。

ACPがEUの農産物市場で享受してきた貿易条件はWTOの誕生後悪化してきた。この事態は二つの経路を通じて発生した。第一にWTO誕生がACPを貿易の特恵ピラミッドの頂点から転落させたために、例えば砂糖部門でACP（特にLDCではないACP）の特恵は浸食された。ただしEUによるACPへの特別待遇の消滅に伴うACPの特恵の浸食はすべての品目で確認されるわけではない。第二にGATTとWTOにおける貿易交渉に由来するCAP改革がEU市場での農産物価格を低下させ、多くの品目でEU価格が世界市場価格と等しくなったために、ACPがEUから獲得した特恵の価値が低下した。

注

（1）先進国と途上国の間にある経済格差は構造的な要因に由来し、それを是正するには先進国が途上国の要求を受け入れるほかないと、UNCTADの舞台で途上国が主張しつづけてきた。この主張を理論的に支えたのがUNCTAD初代事務総長プレビシュ（Raúl Prebicsh）である。その理論については本山（1982、第6章第Ⅲ節）を参照。

（2）非相互的貿易特恵と並ぶロメ協定の特徴は輸出所得安定化制度（System of Stabilization of Export Earnings: STABEX）に見られる。「輸出所得の不安定による不幸な結果を救済し、ACPに対しその経済の安定性、採算性および持続的成長を保証するために、共同体は……ACPによる共同体向け輸出所得の安定化を保証する制度を実施する」というロメ協定第16条に基づいてSTABEXが設立された。ECsは一次産品の価格変動と輸出量増減が途上国にとって死活的問題であることを考慮し、STABEXを通じてACPの一次産品輸出所得の減少を補償することを約束した。STABEXは、対象品目がすべての一次産品ではなく熱帯農産品と鉄鉱石に限られていること、対象国がすべての途上国ではなくACPに限定されていること等の限界を抱えているものの、ACPの経済安定化に貢献する制度として記憶されてよい。STABEXの詳細については前田（2000、第1章第Ⅲ節および第2章第Ⅲ節）を参照。

（3）ロメ協定にはACPに有利な取り決めが含まれているのだが、それの更新が重なるにつれて画期的な措置の導入や抜本的改革の新設は見られなくなっていく。それから離脱するACPは存在しなかったとはいえ、それに対するACPの不満は大きくなっていった（前田、2000、pp. 41-43）。ロメ協定が更新されるとともに、それからACPを支援するという要素が消えていったという論点については前田（2000）に加えてRaffer and Singer（2001）も参照。

（4）この項の記述は特に断らない限りEuropean Commission（2015, ch.2.1）および是永（2005）に基づく。

（5）特恵マージンとは供与された特恵が現実にはどの程度の利益をもたらすのかを指す用語である。これについては本章第Ⅲ節1を参照。

（6）ラム酒のプロトコルはコトヌー協定に含まれず2000年に失効し、その他三つのプロトコルはコトヌー貿易特恵が2007年に失効したことにより消滅した（European Commission, 2015, p. 10）。

（7）前田（2000、p. 164、第5-11表）の数値に基づく。1970年代のECs農産物市場のACPに対する閉鎖性については前田（2000、pp. 160-165）を参照。

（8）GSPとは最恵国待遇の場合よりも低率の関税を途上国からの特定品目（農産物など）の輸入に適用する制度である。EUの2014年1月1日以降のGSPは規則978/2012に基づき、一般GSP、GSPプラスおよびEBA（Everything But Arms: 武器以外すべて）によって構成される。GSPプラスは人権、労働、環境およびグッドガバナンスに関する国際的取り決めを批准し履行する途上国に適用される。その対象品目は一般GSPと原則的に同一であるが、GSPプラスの場合には関税が完全に撤廃される。GSPの対象品目については規則978/2012を参照。EBAは後発開発途上国（注17を参照）に適用され、武器と弾薬以外のすべての品目の無関税かつ無割当での輸入を認める措置である。EUのGSPについて、http://ec.europa.eu/trade/policy/countries-and-regions/development/generalised-scheme-of-preferences/index_en.htmを参照。

（9）2000年2月にロメ協定は失効する予定だったが、同じく2000年2月に合意されたコトヌー協定の中に、ロメ協定の取り決めの2007年末までの継続が含まれた。

（10）次の事例から、EUがウェーバーを利用してACPだけを特別扱いすることは困難だとわかるだろう。ロメ協定のバナナ・プロトコルに基づき、EUはACP産のバナナを無関税で受け入れるのに対して、ラテンアメリカ産のバナナには関税割当を課していた。この事態に不満を抱くラテンアメリカの5カ国（コスタリカ、コロンビア、ニカラグア、ベネズエラ、グアテマラ）は米国の支援を受け（ドールなどの米国企業がラテンアメリカのバナナ生産に関わっていた）、1994年GATTに提訴した。EUはロメ協定にバナナ・プロトコルがあることを根拠に正当性を主張したが、事実上EUの主張は認められなかった。より正確に説明すれば、不利な状況にあることを悟ったEUが、関税割当枠の拡大と輸出ライセンスの供与という妥協案をラテンアメリカの5ヵ国に提示したことにより、合意が成立した。この合意の後もEUと米国のバナナをめぐる対立は続くのだが、その詳細はStevens（2002b, ch.4）および吾郷（2010、第2章）を参照。

(11) GATT第24条に基づく自由貿易地域の形成については例えば経済産業省（2015、第Ⅱ部第16章）を参照。

(12)「実質的にすべて（substantially all）」とは、当事国間総貿易の90%以上を指すと考えられている。EUと南アフリカの間で1999年10月に結ばれた南アフリカ貿易開発協力協定（South Africa Trade and Development Cooperation Agreement: TDCA）では、EUが94%、南アフリカが86%の自由化を実施するという形で総貿易の90%以上という条件を満たしている（Stevens, 2002a, ch.2）。

(13)『グリーンペーパー』とは、ロメ協定失効後にどのようなACP-EU関係を構築するかについて欧州委員会がその見解を示した文書である。ロメ協定に対して批判的なEUの姿勢がそれに現れていることを渡辺（2004、p. 39）は次のように表現している。「グリーンペーパーは、ロメ体制は21世紀のEU-ACP関係にはもはやそぐわないと決めつけている。加えて、国際貿易を規定する環境がロメ体制に変化を促している、すなわち、国際貿易の自由化の進展がACPの特恵条件を浸食しているだけではなく、（世界銀行・IMFによる）構造調整策が礎とする新自由主義の哲学にてらし、ロメ協定とWTOなど多国間の貿易制度が齟齬をきたしているとの立場である」。なお『グリーンペーパー』の検討は前田（2000、第7章）で行われている。

(14) Raffer and Singer（2001, p. 108）によれば、過去の歴史に縛られ清算してしまいたい貿易関係を実際に清算するのに、WTOルールはこれ以上ない効果的な手段である。

(15) コトヌー協定はACPに対する経済援助についても規定しており、自由貿易圏の形成だけを約した協定ではない。それには援助に関してコンディショナリティおよびオーナーシップの強化といったIMF・世界銀行型経済援助で謳われる要素も盛り込まれた。その一方でロメ協定においてACP支援を象徴する制度であったSTABEXは、鉱産物制度（System for Mineral Products: SYSMIN）とともに廃止されることが決められた。SYSMINとはACPの鉱産物輸出を支援する制度である。ACPの輸出支援という共通項を持つSTABEXとSYSMINの基本的性格の相違は、前者が一次産品輸出所得の安定を目的としているのに対し、後者はACPのECs向け鉱産物輸出能力の維持に力点が置かれているという点に見られる。前田（2000、第1章第4節）を参照。

(16) ACPとEUがどのような意図を持ってEPA交渉に臨んだかはStevens（2002a,

ch.2.1）に詳述されている。

(17) LDCの定義は、国連後発開発途上国・内陸開発途上国・小島嶼開発途上国担当上級代表事務所（Office of the High Representative for the Least Developed Countries, Landlocked Developing Countries and Small Island Developing States: OHRLLS）のサイト（http://unohrlls.org/about-ldcs/criteria-for-ldcs/）を参照。それによればある国がLDCであるか否かは次の三つの基準により判断される。第一の基準は所得基準で、国民純所得（世界銀行アトラス方式）の3年間(2011～13年)の平均値を利用する。評価は3年ごとに実施されるが、2015年実施の評価では1,035ドルに満たない国がLDCと判断され1,242ドルを上回った国は卒業と判断された。第二の基準は人的資産指数（Human Assets Index: HAI）である。これを構成するものは栄養不良状態にある人口の割合、5歳未満の子どもの死亡率、中等教育の総就学率および成人識字率である。第三の基準は経済面での脆弱性指数（Economic Vulnerability Index: EVI）である。これを構成するものは人口規模、遠隔地であること、輸出集中度、農林水産業の割合、低地沿岸地域の人口の割合、財サービスの輸出の不安定性、自然災害の被災者数および農業生産の不安定性である。LDCについて森田（2011）を参考にした。

(18) 例えば西アフリカにおいて経済統合を通じて経済発展を実現しようとする地域グループとして、1975年にラゴス条約によって成立した西アフリカ経済共同体（Economic Community for West African States: ECOWAS）がある。

(19) EUがそれ自身を中核として発展途上国・地域とFTAを放射状に締結し、ハブ・アンド・スポーク戦略を進めているという点について例えば前田（2001、pp. 32-33）、鈴井（2002）を参照。

(20) EPAを締結したことに伴ってACPが負担しなくてはならないコストは、EUからの援助によって緩和されるという見解がある。しかし欧州委員会に管理される援助体制は効率的でないため、十分な援助がEUから支出されるかどうかは疑問であると言わざるをえない。例えば第一次ロメ協定（1976～80年）による資金援助が完全履行されたのは1990年であり、第三次ロメ協定（1986～91年）の資金援助は1992年時点で64%しか履行されていない。さらには第八次EDF（修正第4次ロメ協定）において146億ユーロの支出が約束されていたにもかかわらずそのうち99億ユーロは不履行だった（渡辺、2004、p. 51）。

(21) ACPの地域グループが関税同盟を形成する場合、自由化しない品目は統一される必要がある。関税同盟ではなく自由貿易地域を形成する場合でもそれのある程度の統一が必要になる。なぜならあるACPがある品目の自国市場を高関税で保護しても、隣接国がその品目を無関税でEUから輸入すれば高関税の効果は薄れるからである。南アフリカとそれに隣接する4カ国（ボツワナ、レソト、ナミビア、スワジランド）で構成される南部アフリカ関税同盟を例に取ろう。南アフリカ以外の4カ国は、南アフリカとは異なりEUから非相互的貿易特恵を与えられていたにもかかわらず、南アフリカとEUとのTDCAの締結に伴い南アフリカに歩調を合わせてTDCAの自由化スケジュールを実行せざるをえなくなった。なぜならこれら4カ国はEU産品の南アフリカ経由での流入を監視する能力を持たないからである（European Commission, 2015, p. 18）。

(22) 現実にはACP全体でのEPA締結どころかACPの地域グループによるEUとのEPAの場合ですら除外品目の調整には困難が伴う。ACPを構成する五つのグループ（カリブ海、中央アフリカ、東南アフリカ、南部アフリカ開発共同体、西アフリカ。太平洋地域はデータなし）の構成国を対象として、EUとのEPA締結に応じて80%（90%ではない）の自由化を実行しなくてはならないときにどの品目を自由化から除外するかを調査したところ（Stevens and Kennan, 2005, p. 3, table2）、どのグループにおいてもグループ構成国すべてによって共通して挙げられた品目はなく、構成国の半数以上が共通して挙げた品目ですら、各グループについて1%、12%、2%、3%、0.2%だった。

(23) 南アフリカは、コトヌー協定に署名したがACPと同様の貿易特恵をEUから与えられず、TDCAによってEUとの貿易関係を築いた。2014年7月に南アフリカを含む南部アフリカ開発共同体がEUとのEPA交渉に合意した後もTDCAは有効である。南アフリカとEUの関係についてEuropean Commission（2015, p. 18）を参照。

(24) 当初東アフリカ共同体の5カ国（ブルンジ、ケニア、ルワンダ、タンザニアおよびウガンダ）のうちタンザニアは南部アフリカ開発共同体諸国とともに、それ以外の4カ国は東南アフリカ諸国と一体となって、EUとのEPA交渉に参加した。しかし関税同盟である東アフリカ共同体の対外共通関税の設定を考慮したとき、これら5カ国はEPAを結ぶ際に一体となるほかないと判断した（European Commission, 2015, pp. 12-13, footnote 11）。

(25) EUのFTA交渉の進捗状況（2015年12月時点）を記した欧州委員会の資料、Overview of FTA and Other Trade Negotiations（http://trade.ec.europa.eu/doclib/docs/2006/december/tradoc_118238.pdf）を参照。

(26) ACPの特恵の浸食について、そのサイトに掲載された記事、'ACP preferences to erode as EU trade with third countries thrive'（http://www.acp.int/content/acp-preferences-erode-eu-trade-third-countries-thrive）を参照。この論点について2005年時点で次のような指摘がなされている。すなわち、マクシャリー改革以降EU価格は下落を続けているため、ACPが輸出により受け取る利益は減少している。またWTO交渉で関税引き下げが合意されれば、非ACPのEU市場へのアクセスが改善されるため、関税割当制度に由来するACPの利益は相対的に縮小する。このように、ACPがこれまでEUから供与されてきた特恵がCAP改革を通じて浸食されていることは明らかである。ACPは特恵の浸食を深刻に受け止めており、2003年9月のWTO農業交渉カンクン会議において特恵制度の存続に加えて特恵の浸食に対する補償を要求しているほどである(是永、2005、p. 49)。

(27) EU農産物市場におけるACPのシェア低下はACPに与えられた相対的貿易条件だけで説明できるものではない。European Commission (2015, p. 94) の指摘によれば、ACPが抱える構造的な制約(土地所有の問題など)が克服されず、ACP農業部門が近代化と生産性向上を実現できなかったことや、非関税障壁(例えば公衆衛生、健康および安全に関する技術的条件)の存在もACPのシェア低下を導いた。後者に関してWiig and Kolstad (2005) は、先進国が輸入農産物に関して課している基準、例えば衛生植物検疫(Sanitary and Phytosanitary: SPS)措置が途上国の農産物輸出機会に著しい負の効果を与えていることを指摘している。またSPS分野において先進国は途上国に技術支援を実施することになっているが、それは体系的には実施されていないため効果を上げていないとも論じている。Henson and Loader (2001) によれば、EU市場にアクセスする上で最も厳しい障害といえるのがSPS規制をクリアするために必要な高い技術水準であり、これに比べれば関税は大した問題だとは考えられていない。

(28) EUはEBAを2001年から実施しているが、砂糖については2006年まで移行期間だった。

(29) Kopp, Prehn, and Brümmer (2011) で実施されたACPのEU向け砂糖輸出の分析によれば、LDCの地位を与えられたACPに関して、EBA導入に起因する厚生の増減を確定できない。なぜならこれらの国がその導入に際して、一方ではEU市場での価格低下に、他方では輸出割当の撤廃に直面するからである。

(30) CAP改革が追求した農産物の域内価格の低下は、EUが輸出補助金を積み増すことなく輸出能力を高めることを可能とした。EUは輸出補助金を利用するのではなく、消費者負担型の農業保護から納税者負担型の農業保護(=直接支払いの実施)に切り替えて輸出補助金が不要になるほどの域内価格引き下げを実現したために、EU産農産物の輸出競争力を向上させることができた(Goodison, 2003, p. 14)。例えばEU産穀物について、域内価格を世界価格に合わせるため、2001年7月から最低保証価格が1トン当たり101.31ユーロに引き下げられた。しかしEU加盟国の中で穀物生産の競争力が最も高いフランスでさえ、その生産費用は1トン当たり約160ユーロである。この差額は1トン当たり63ユーロという直接支払い（この額は1989～91年の作付面積と収量を基準に設定された）により埋め合わされたため、EUは穀物を輸出することができた。このような輸出は、WTOの農業に関する協定に反するものではないが、生産費用を考慮せずに輸出価格が決められているという点で事実上のダンピングであるとBerthelot（2003b）は批判している。域内価格引き下げの影響は食品加工産業にも及んでいる。農産物価格の下落は食品加工産業にとって生産費用の低下と同義である。したがって、CAP改革による域内価格引き下げは、EU産加工食品の輸出価格引き下げを可能にする。この事態が放置されればACPの食品加工産業の発展が制約されるとGoodison（2003, p. 13）は危惧している。

引用参考文献

アクセス日を記していないインターネット資料のそれは2016年2月4日である。

（欧文）

Akman, M. S. (2010) 'Book Review', *Journal of Common Market Studies*, vol.48, no.3, pp. 773-774.

Anania, G. (2010) 'Book Review', *European Review of Agricultural Economics*, vol.37, no.2, pp. 275-278.

Bernstein, R. (2005) 'Europe: Europe's Very Identity at Stake in Farm Talks', *International Herald Tribune*, November 4 (http://www.iht.com/articles/2005/11/03/news/europa.php#). (2006年3月19日アクセス)

Berthelot, J. (2003a) *Comments on EU-US Joint Text on Agriculture 13 August 2003* (http://dakardeclaration.org/IMG/doc/Comments_on_EU-US_joint_text_on_agriculture.doc). (2006年3月19日アクセス)

--- (2003b) 'Les Trois Aberrations des Politiques Agricoles', *Le Monde Diplomatique*, septembre (http://www.monde-diplomatique.fr/2003/09/BERTHELOT/10389), (邦訳、ジャック・ベルテロ、「世界の自滅的な農業政策」(http://www.diplo.jp/articles03/0309-4.html)).

Bezlepkina, I., Jongeneel, R., and Z. Karaczu (2008) 'New Member States and Cross Compliance: The Case of Poland' (http://ageconsearch.umn.edu/bitstream/44852/2/Jongeneel.pdf).

Bougherara, D. and L. Latruffe (2010) 'Potential Impact of the EU 2003 CAP Reform on Land Idling Decisions of France Land Owners: Results from a Survey of Intentions', *Land Use Policy*, vol.27, issue 4, pp. 1153-1159.

Burrell, A. (ed.) (2010) *Economic Prospect for Semi-Subsistence Farm Households in EU New Member States*, European Commission JRC-IPTS (http://ftp.jrc.es/EURdoc/JRC58621.pdf).

Cardwell, M. (2004) *The European Model of Agriculture*, Oxford: Oxford University Press.

Cioloş, D. (2014) 'The Diversity of Family Farms Is a Strength for World

Agriculture', *EuroChoices*, vol. 13, issue 1, pp. 3-4.
Coleman, W., Grant, W., and T. Josling (2004) *Agriculture in the New Global Economy*, Cheltenham: Edward Elgar.
Coleman, W., Skogstad, G., and M. Atkinson (1996) 'Paradigm Shifts and Policy Networks: Cumulative Change in Agriculture', *Journal of Public Policy*, vol.16, issue 3, pp. 273-301.
Coleman, W. and S. Tangermann (1999) 'The 1992 CAP Reform, the Uruguay Round and the Commission', *Journal of Common Market Studies*, vol.37, no.3, pp. 385-405.
Commission of the European Communities (1977) *Report of the Study Group on the Role of Public Finance in European Integration, Volume II: Individual Contributions and Working Papers*, Collection Studies Economic and Financial Series No. B13, Brussels, April.
--- (1985) *Perspectives for the Common Agricultural Policy*, COM (85), 333, final, 15 July 1985.
--- (1991a) *The Development and Future of the CAP-Reflections Paper of the Commission*, COM (91), 100, final, 1 February 1991.
--- (1991b) *Report on the First Two Years of Operation of the Scheme to Supply Food from Intervention Stocks Free for Distribution to the Most Deprived Persons in the Community – Free Food*, SEC (91), 1190, final, 4 July 1991.
--- (2008a) *Commission Staff Working Document accompanying the Proposal for a Council Regulation amending Regulations 1290/2005 on the financing of the common agricultural policy and 1234/2007 establishing a common organisation of agricultural markets and on specific provisions for certain agricultural products (Single CMO Regulation) as regard food distribution to the most deprived persons in the Community, Impact Assessment*, SEC (2008) 2436/2.
--- (2008b) *Proposal for a Council Regulation amending Regulation (EC) No 1290/2005 on the financing of the common agricultural policy and Regulation (EC) No 1234/2007 establishing a common organisation of agricultural markets and on specific provisions for certain agricultural products (Single CMO Regulation) as regards food distribution to the most deprived persons in the Community*, COM (2008), 563, final, 17 September 2008.
Daugbjerg, C. and A. Swinbank (2004) 'The CAP and EU Enlargement: Prospect for an Alternative Strategy to Avoid the Lock-in of CAP Support', *Journal of Common Market Studies*, vol.42, no.1, pp. 99-119.

--- (2009) *Ideas, Institutions, and Trade*, Oxford: Oxford University Press.
Davidova, S. (2011) 'Semi-Subsistence Farming: An Elusive Concept Posing Thorny Policy Questions', *Journal of Agricultural Economics*, vol. 62, no. 3, pp. 503-524.
--- (2014) 'Small and Semi-Subsistence Farms in the EU: Significance and Development Paths', *EuroChoices*, vol. 13, issue 1, pp. 5-9.
Davidova, S., Bailey, A., Dwyer, J., Erjavec, E., Gorton, M., and K. Thomson (2013) *Semi-subsistence Farming – Value and Directions of Development* (http://www.europarl.europa.eu/RegData/etudes/etudes/join/2013/495861/IPOL-AGRI_ET (2013) 495861_EN.pdf).
Davidova, S., Fredriksson, L., and A. Bailey (2011) 'Rural Livelihoods in Transition: Market Integration versus Subsistence Farming', Möllers, Buchenrieder and Csáki (eds.) (2011), pp. 131-158.
Denord, F. et A. Schwartz (2009) *L'Europe social n'aura pas lieu*, Paris: Raison d'agir (小澤裕香、片岡大右訳『欧州統合と新自由主義』論創社、2012年).
Erjavec, E., Fałkowski, J., and L. Juvančič (2014) 'Stractural Change and Agricultural Policy for SSFs: A View from the 2004 NMSs', *EuroChoices*, vol. 13, issue 1, pp. 41-45.
European Commission (1996) *Green Paper on Relations between the European Union and the ACP Countries on the Eve of the 21st Century: Challenge and Options for a New Partnership*, COM (96), 570, final, 20 November 1996 (前田啓一抄訳「欧州委員会の『21世紀直前におけるEUとACP諸国との関係についてのグリーンペーパー』(1996年) について」、『大阪商業大学論集』2001年、第119号社会科学篇、pp. 279-304).
--- (1997) *Agenda2000*, COM (97), 2000, final, 15 July 1997.
--- (2002) *Mid-Term Review of the Common Agricultural Policy*, COM (2002) 394, final, 10 July 2002.
--- (2004) *Achievements in Agricultural Policy under Commissioner Franz Fischler (period 1995-2004)*, (http://ec.europa.eu/agriculture/publi/achievements/text_en.pdf).
--- (2007) *Report from the Commission to the Council on the Application of the System of Cross-compliance*, COM (2007), 147, final, 29 March 2007.
--- (2012) *ROADMAP: Regulation for the European Aid for the Deprived People (EAFDP) Programme Post 2013* (http://ec.europa.eu/governance/impact/planned_ia/docs/2012_empl_020_aid_most_deprived_people_en.pdf).

--- (2015) *Evaluation of Preferential Agricultural Trade Regimes, in particular the Economic Partnership Agreements (EPAs)*, written by Kantor, November 2014 (http://ec.europa.eu/agriculture/evaluation/market-and-income-reports/2014/epas/fulltext_en.pdf).

European Commission Directorate-General for Agriculture (1999) *CAP Reform: Rural Development* (http://ec.europa.eu/agriculture/publi/fact/rurdev/en.pdf).

European Commission Directorate-General for Agriculture and Rural Development (2008) *Direct Payments Distribution in the EU-25 after Implementation of the 2003 CAP Reform Based on FADN Data*, Brussels, 07.11.2008, SH D (2008) (http://ec.europa.eu/agriculture/rica/pdf/hc0304_distribution_eu25.pdf).

--- (2011) *What Is a Small Farm?, EU Agricultural Economic Briefs*, Brief no.2, July (http://ec.europa.eu/agriculture/rural-area-economics/briefs/pdf/02_en.pdf).

--- (2012a) 'Free Food for the Most Deprived Persons in the EU', last update on 5th November 2012 (http://ec.europa.eu/agriculture/most-deprived-persons/index_en.htm).

--- (2012b) *Agriculture in the European Union Statistical and Economic Information: Report 2012* (http://bookshop.europa.eu/en/agriculture-in-the-european-union-pbKFAC13001/downloads/KF-AC-13-001-EN-C/KFAC13001ENC_002.pdf?FileName=KFAC13001ENC_002.pdf&SKU=KFAC13001ENC_PDF&CatalogueNumber=KF-AC-13-001-EN-C).

--- (2014a) *FACTSHEET: The Single Area Payment Scheme* (http://ec.europa.eu/agriculture/direct-support/pdf/factsheet-single-area-payment-scheme_en.pdf).

--- (2014b) *FACTSHEET: The Single Payment Scheme* (http://ec.europa.eu/agriculture/direct-support/pdf/factsheet-single-payment-scheme_en.pdf).

European Commission Directorate-General for Enlargement (2002) 'The Enlargement Process and the Three Pre-accession Instruments: PHARE, ISPA, SAPARD' (http://www.esiweb.org/pdf/bulgaria_phare_ispa_sapard_en.pdf).

European Commission Directorate-General for Regional and Urban Policy (2010) *Investing in Europe's Future (Fifth Report on Economic, Social and Territorial Cohesion)*, Luxembourg: Publications Office of the European Union.

European Coordination Via Campesina (2012) *Small Farms and Short Supply Chains in the European Union*, (http://www.ecoruralis.ro/storage/files/Documente/20 avril EN PF.PDF).

European Court of Auditors (2009) *European Food Aid for Deprived Persons: An Assessment of the Objectives, the Means and the Methods Employed*, Luxembourg: Publications Office of the European Union.

European Network for Rural Development (2010a) *Semi-subsistence Farming in Europe: Concepts and Key Issues*, Background paper prepared for the seminar "Semi-subsistence farming in the EU: Current situation and future prospects", Sibiu, Romania, 21st–23rd April 2010 (http://enrd.ec.europa.eu/enrd-static/enrd-events-and-meetings/seminars-and-conferences/semi-subsistence-seminar/en/semi-subsistence-farming-in-the-eu_en.html). この文書ではセミナー開催が2010年4月となっているが実際には同年10月に開催された。

--- (2010b) *Public Goods and Public Intervention in Agriculture*, (http://bookshop.europa.eu/en/public-goods-and-public-intervention-in-agriculture-pbK33010646/downloads/K3-30-10-646-EN-C/K33010646ENC_002.pdf?FileName=K33010646ENC_002.pdf&SKU=K33010646ENC_PDF&CatalogueNumber=K3-30-10-646-EN-C).

Eurostat (1999) *Agriculture Statistical yearbook 1999*, Luxembourg: Publications Office of the European Union.

Fennell, R. (1987) *The Common Agricultural Policy of the European Community: Its Institutional and Administrative Organisation (2nd edition)*, London: Blackwell Scientific Publications (荏開津典生、柘植徳雄訳『ECの共通農業政策(第2版)』大明堂、1989年).

--- (1997) *The Common Agricultural Policy*, Oxford: Clarendon Press (荏開津典生監訳『EU共通農業政策の歴史と展望』農山漁村文化協会、1999年).

Folmer, C., Keyzer, M. A., Merbis, M. D., Stolwijk, H. J. J., and P. J. J. Veenendaal (1995) *The Common Agricultural Policy beyond the MacSharry Reform*, Amsterdam: Elsevier.

Goodison, P. (2003) *The Likely Impact of CAP-Reform on EU Positions in Cancun* (http://agritrade.cta.int/fr/content/download/2029/55018/file/goodison-cap4.pdf).

Gorton, M., Salvioni, C., and C. Hubbard (2014) 'Semi-Subsistence Farms and Alternative Food Supply Chains', *EuroChoices*, vol. 13, issue 1, pp. 15-19.

Grant, W. (1995) 'The Limits of Common Agricultural Policy Reform and the Option of Denationalization', *Journal of European Public Policy*, vol.2, no.1, pp. 1-18.

--- (1997) *The Common Agricultural Policy*, London: MacMillan.

Greer, A. (2005) *Agricultural Policy in Europe*, Manchester: Manchester University Press.

Hendriks, G. (1994) 'German Agricultural Policy Objectives', Kjeldahl and Tracy (eds.) (1994), pp. 59-73.

Hennis, M. (2005) *Globalization and European Integration-The Changing Role of Farmers in the Common Agricultural Policy*, Oxford: Rowman & Littlefield Publishers.

Henson, S. and R. Loader (2001) 'Barriers to Agricultural Exports from Developing Countries: The Role of Sanitary and Phytosanitary Requirements', *World Development*, January, vol.29, pp. 85-102.

Hormeku, T. and K. Ofei-Nkansah (2001) *The Cotonou Agreement* (http://www.socialwatch.org/en/informesTematicos/8.html). (2006年3月19日アクセス)

Hubbard, C., Mishev, P., Ivanova, N., and L. Luca (2014) 'Semi-Subsistence Farming in Romania and Bulgaria: A Survival Strategy?', *EuroChoices*, vol. 13, issue 1, pp. 46-51.

Josling, T. (2002) 'Competing Paradigms in the OECD and Their Impact on the WTO Talks', in Tweeten and Thompson (eds.) (2002), pp. 245-264.

--- (2003) 'After Cancún: What Next for Agricultural Subsidies?', *EuroChoices*, vol.2, issue.3, pp. 12-17.

Josling, T., Tangermann, S. and T. K. Warley (1996) *Agriculture in the GATT*, London: Macmmillan (塩飽二郎訳『ガット農業交渉50年史』農山漁村文化協会、1998年).

Kasimis, K. (2010) 'Demographic Trends in Rural Europe and International Migration to Rural Areas', *Agriregionieuropa*, anno 6, no. 21, Giugno, pp.1-6.

Kay, A. (2010) 'Book Review', *Australian Journal of Public Administration*, vol.69, issue 4, pp. 462-464.

Keeler, J. T. S. (1996) 'Agricultural Power in the European Community: Explaining the Fate of CAP and GATT Negotiation', *Comparative Politics*, vol.28, no.2, January, pp. 127-49.

Kjeldahl, R. and M. Tracy (eds.) (1994) *Renationalisation of the Common Agricultural Policy?*, Institute of Agricultural Economics, Copenhagen, and Agricultural Policy Studies, Belgium.

Koning, N. (2003) 'Agriculture and the WTO: Time to Reconsider the Basics?', *EuroChoices*, vol.2, issue3, pp. 26-31.

Kopp, T., Prehna, S., and B. Brümmer (2011) *Preference Erosion: The Case of*

Everything But Arms and Sugar (http://www.tropentag.de/2011/abstracts/full/675.pdf).
Locher, B. and E. Prügl (2009) 'Gender and European Integration', Wiener and Diez (2009), pp. 181-197.
van Loon, A. (2010) 'Book Review', *Political Studies Review*, vol.8, no.3, pp. 427-428.
Low, P., Piermartini, R., and J. Richtering (2006) 'Non-Reciprocal Preference Erosion Arising From MFN Liberalitzation in Agriculture: What Are the Risks?', WTO, Economic Research and Statistics Division, Staff Working Paper ERSD-2006-02.
Loyat, J. et Y. Petit (2008) *La Politique Agricole Commune-Une Politique en Mutation (3ème édition)*, Paris : La Documentation Française.
Menet, A. (2009) 'Le Programme Européen d'Aide aux Plus Démunis de la Communauté', *Revue du Marché Commun et de l'Union Européenne*, Février, n.525, pp. 128-135.
Möllers, J., Buchenrieder, G., and C. Csáki (eds.) (2011) *Structural Change in Agriculture and Rural Livelihoods: Policy Implications for the New Member States of the European Union*, IAMO (http://www.iamo.de/dok/sr_vol61.pdf)
Oates, W. E. (1977) 'Fiscal Federalism in Theory and Practice: Applications to the European Community', Commission of the European Communities (1977), pp. 279-318.
Rabinowicz, E. (2014) 'Farm Size: Why Should We Care?', *EuroChoices*, vol. 13, issue 1, pp. 28-30.
Raffer, K. and H. W. Singer (2001) *The Economic North-South Divide: Six Decades of Unequal Development*, Cheltenham: Edward Elgar.
Rieger, E. (2005) 'Agricultural Policy', Wallace, Wallace, and Pollack (eds.) (2005), pp. 161-190.
Scott, A., Peterson, J., and D. Millar (1994) 'Subsidiarity: A "Europe of the Regions" v. the British Constitution?', *Journal of Common Market Studies*, vol.32, no.1, pp. 47-67.
Stevens, C. (2002a) *Key Agricultural Issues in the Post-Cotonou Negotiations*, Institute of Development Studies (https://cgspace.cgiar.org/bitstream/handle/10568/52943/Stevens-post-cotonou.pdf).
— (2002b) *The WTO and Its Implications for the Negotiations on Agriculture in an ACP-EU Trade Agreement: Current Status and Prospects*, Institute of

Development Studies (https://www.researchgate.net/publication/267242734_The_WTO_and_its_implications_for_the_negotiations_on_agriculture_in_an_ACP-EU_trade_agreement_current_status_and_prospects).
Stevens, C. and J. Kennan (2001) *Post-Lomé WTO-Compatible Trading Arrangements*, London: Commonwealth Secretariat.
--- (2005) *EU-ACP Economic Partnership Agreements: The Effects of Reciprocity* (http://www.ids.ac.uk/files/CSEPARECBP2.pdf).
Thomson, K. J. (2014) 'Current EU Policy Treatment of Small and Semi-subsistence Farms', *EuroChoices*, vol. 13, issue 1, pp. 20-25.
Tweeten, L. and S. R. Thompson (eds.) (2002) *Agricultural Policy for the 21st Century*, Iowa State University Press.
Wallace, H., Wallace, W., and M. A. Pollack (eds.) (2005) *Policy-Making in the European Union (5th edition)*, Oxford: Oxford University Press.
Wiener, A. and T. Diez (2009) *European Integration Theory (2nd edition)*, Oxford: Oxford University Press (東野篤子訳『ヨーロッパ統合の理論』勁草書房、2010年).
Wiig, A. and I. Kolstad (2005) 'Lowering Barriers to Agricultural Exports through Technical Assistance', *Food Policy*, April, vol. 30, pp. 185-204.
(邦文)
吾郷健二 (2010)『農産物貿易自由化で発展途上国はどうなるか』明石書店。
今村奈良臣、服部信司、矢口芳生、加賀爪優、菅沼圭輔 (1997)『WTO体制下の食糧農業戦略』農山漁村文化協会。
内田勝敏、清水貞俊 (1991)『EC経済をみる眼 (新版)』有斐閣。
内田勝敏、棚池康信、嶋田巧、前田啓一 (2007)「座談　欧州統合の現状と共同体アプローチの有効性をめぐって」、『地域と社会 (大阪商業大学)』第10巻、pp. 91-128。
遠藤保雄 (2004)『戦後国際農業交渉の史的考察』御茶の水書房。
大原悦子 (2008)『フードバンクという挑戦』岩波書店。
柏雅之 (2004)「EUの農村地域開発政策」、村田 (編) (2004)、pp. 105-159。
勝又健太郎 (2014)「EUの新共通農業政策 (CAP) 改革 (2014 − 2020 年) について」、『農林水産政策研究所平成25年度カントリーレポート: EU, ブラジル, メキシコ, インドネシア』第1章 (http://www.maff.go.jp/primaff/koho/seika/project/pdf/cr25_2_1_eu.pdf)。
川崎一隆 (2004)「世界政治経済の新しい潮流 − コトヌー協定の解説 (1) 〜 (4)」、『月刊アフリカ』1月号 (pp. 18-23)、2月号 (pp. 34-37)、3月号 (pp. 27-31)、4・

5月号（pp. 27-31）。
北林寿信（1999a）「方向転換目指すフランス農政」、『レファレンス』3月号、第578号、pp. 47-97。
---（1999b）「フランスの新農業基本法」、『レファレンス』12月号、第587号、pp. 52-103。
経済協力開発機構（OECD）（2001）『農業の多面的機能』農文協。
経済産業省（2015）『2015年版不公正貿易報告書』（http://www.meti.go.jp/committee/summary/0004532/2015_houkoku01.html）。
是永東彦（1994a）「新しい農政理念を求めて」、是永他（1994）、pp. 14-20。
---（1994b）「欧州統合と新保守主義農政―創設期のCAP理念―」、是永他（1994）、pp. 22-42。
---（1994c）「輸出国時代のCAPシステム」、是永他（1994）、pp. 84-103。
---（2005）「EUの対アフリカ政策と農業」、『平成16年度欧州アフリカ地域食料農業情報調査分析検討事業報告書』（http://www.maff.go.jp/kaigai/shokuryo/16/europe03.pdf）。
是永東彦、津谷好人、福士正博（1994）『ECの農政改革に学ぶ』農山漁村文化協会。
生源寺眞一（1998）『現代農業政策の経済分析』東京大学出版会。
庄司克宏（2013）『新EU法基礎篇』岩波書店。
スション、ピエール（2014）「無理矢理の農業合理化　ルーマニアの農村地帯で活動するEUのエージェント」（http://www.diplo.jp/articles14/1402Roumanie.html）。原文は、Souchon, P.（2014）'Evangélistes de Bruxelles dans les campagnes roumaines', *Le Monde Diplomatoque*, février（http://www.monde-diplomatique.fr/2014/02/SOUCHON/50109）.
鈴井清巳（2002）「EUの対発展途上国通商政策の転換」、『世界経済評論』第46巻、第10号、pp. 18-28。
高屋定美（編著）（2010）『EU経済』ミネルヴァ書房。
滝沢真理（2010）「フードバンクが持つ可能性（欧米のフードバンク概要）」（http://ssu.mri.co.jp/columns/articles/vol125）、および、「フードバンクが持つ可能性（ヨーロッパのフードバンクを支える制度PEAD）」（http://ssu.mri.co.jp/columns/articles/vol126）。（2013年3月19日アクセス）
田淵太一（1993）「共通農業政策と通貨統合――欧州経済通貨同盟の異質な次元」、東京大学経済学部Discussion Paper、5月。
永澤雄治（2001）「EUの東方拡大――欧州委員会の拡大戦略と財政問題」、『東北経済学会誌』第3号、pp. 208-216。
農林水産省国際部海外情報室（2000）『EU共通農業政策の概要』（http://www.library.

maff.go.jp/archive/Viewer/Index/200119915_0001)。
速水佑次郎（1986）『農業経済論』岩波書店。
平澤明彦（2009）「CAP改革の施策と要因の変遷」、『農林金融』5月号、pp. 226-243。
---（2014）「EU 共通農業政策（CAP）の2013 年改革」、『農林金融』9 月号、pp. 35-51。
前田啓一（2000）『EUの開発援助政策』御茶の水書房。
---（2001）「EU対外経済政策の新展開とコトヌー協定」、『国際農林業協力』vol.24、no. 7、pp. 31-37。
松田裕子（2010）「ヘルスチェック後のEU農村振興政策A.制度的枠組みと運用実態（2007－2013）」、農林水産省『主要国の農業情報調査分析報告書（平成21年度）』(http://www.maff.go.jp/j/kokusai/kokusei/kaigai_nogyo/k_syokuryo/h21/pdf/h21_euro4.pdf)。
村田武（1996）『世界貿易と農業政策』ミネルヴァ書房。
村田武（編）（2004）『再編下の世界農業市場』筑波書房。
本山美彦（1982）『貿易論序説』有斐閣。
森田智（2011）「国連における後発開発途上国のカテゴリーと卒業問題――『円滑な移行』プロセスと開発政策委員会の役割に焦点を当てて」、『外務省調査月報』no.4、pp. 1-31。
矢口芳生（1997）「効率と環境の両立を追求する農業・農村戦略―EU」、今村他（1997）、pp. 106-142。
山下一仁（2005）「WTO農業協定の問題点と交渉の現状・展望――ウルグアイ・ラウンド交渉参加者の視点」、RIETI Discussion Paper Series 05-J-020。
豊嘉哲（2002）「EU財政と共通農業政策（CAP）改革―― EUの東方拡大に関連して」、『世界経済評論』第46巻、第10号、pp. 55-63。
---（2010a）「共通農業政策と地域政策」、高屋定美編著（2010）、pp. 173-199。
---（2010b）「EU財政とCAP縮小論」、『山口経済学雑誌』第59巻、第4号、pp. 93-119。
---（2011）書評「Daugbjerg and Swinbank（2009）」、『山口経済学雑誌』第60巻、第3号、pp. 115-125。
---（2012）「EU各国のクロスコンプライアンスの実態――オランダを事例として」、社団法人国際農林業協働協会、『平成23年度海外農業情報調査分析事業欧州地域事業実施報告書』pp. 29-89 (http://www.maff.go.jp/j/kokusai/kokusei/kaigai_nogyo/k_syokuryo/h23/pdf/europe2.pdf)。
渡辺松男（2004）「アフリカ・欧州関係の転換：コトヌゥ協定と特権ピラミッドの解消」、日本国際問題研究所、『地域主義の動向と今後の日本外交の対応』(http://www2.jiia.or.jp/pdf/asia_centre/h15_nihon-gaikou/04_watanabe.pdf)。

あとがき

本書は、筆者が大学院在籍時より関心を抱いてきたCAPの研究をまとめたものであり、山口大学経済学会および山口大学東亜経済学会の出版助成により「山口大学経済学部研究双書第19冊」として刊行される。本書執筆の基礎となった既公表論文は、大幅に書き換えられた上で本書を構成している。本書出版にあたり既公表論文の転載を認めて下さったミネルヴァ書房、同志社大学商学会、日本EU学会および山口大学経済学会に御礼申し上げる。各章の初出は次の通りである。

第1章：共通農業政策の誕生
・『EU共通農業政策と結束――ウルグアイ・ラウンド以降の共通農業政策』山口経済研究叢書第31集、山口大学経済学会、2006年、第1章。
・「共通農業政策と地域政策」、高屋定美編著『EU経済』ミネルヴァ書房、2010年、第7章、pp. 173-199。
第2章：1992年共通農業政策改革とそれに続く改革
・第1章と同じ。
第3章：共通農業政策の再国別化の進展
・「共通農業政策の非共通部分の拡大」、日本EU学会編『日本EU学会年報』第32号、2012年、pp. 115-134。
第4章：小規模農家の欧州統合からの排除
・「小規模農家の欧州統合からの排除について」、『同志社商学』第66巻、第6号、2015年、pp. 229-255。
第5章：EUにおける半自給自足農家向け支援と共同資金負担

・「EUの農村開発政策における半自給自足農家への支援と共同資金負担」、『山口経済学雑誌』第63巻、第5号、2015年、pp. 1-19。

第6章：EUの困窮者向け食料支援プログラムの導入

・「EUの困窮者向け食料支援プログラムの導入について」（研究ノート）、『山口経済学雑誌』第62巻、第1号、2013年、pp. 93-122。

第7章：EUの困窮者向け食料支援プログラムの改革

・「EUにおける困窮者向け食料支援プログラムの改革について」、日本EU学会編『日本EU学会年報』第34号、2014年、pp. 250-269。

第8章：アフリカ・カリブ海・太平洋諸国の特恵の浸食

・「CAP改革とACP」、『山口経済学雑誌』第54巻、第4号、2005年、pp. 77-104。

本書執筆の過程は自らの非力を再確認する過程でもあった。とはいえこのような形でCAP研究をまとめられたことに安堵していると同時に、これまで私を支えて下さった多くの方のご恩を思い返している。

本山美彦先生には、私が大学2年生のときからご指導いただき、感謝してもしきれない。今でも見捨てずに目をかけて下さっていることに心より感謝申し上げる。今でも思い出すのは、授業終了後大学から数分歩いた場所にある店で食事をしながら先生のお話を伺ったことである。先生の研究に惹かれた多くの学生とともに先生のメッセージを拝聴できたことは私の財産である。

私が本山先生のゼミナールに所属したとき、すでに多くの方が本山先生の薫陶を受けておられた。諸先輩の中で私が最もお世話になったのが尹春志氏である。私が大学院に進学したときにも教員となったときにも優しく厳しく数々のアドバイスを下さったことに心より感謝を申し上げたい。

本山ゼミナールでは同級生にも恵まれた。大石恵、柴田茂紀、馬紅梅、山本勝也の4氏とは研究と関わりのない部分も含めて大学院在籍時に多くの時間を共有した。それが現在も続いているのはありがたいことである。

本書を構成する既公表論文は関西EU研究会での研究報告に基づいて執筆された。同研究会の皆様からいただいた助言なしに本書は成立しなかった。とりわけ、会長を務められた内田勝敏先生、CAP研究の先達である礒野喜美子先生、現会長の棚池康信先生、日本EU学会入会の際に推薦人となって下さった嶋田巧先生、出版に関して様々なアドバイスを提示して下さった高屋定美先生、研究会開催にいつもご尽力下さる小西幸男先生と山本いづみ先生にお礼を申し上げたい。

本書の構想を、私はブリュッセル自由大学に客員研究員として滞在していたときに練りはじめた。1年半のブリュッセル滞在が実現したのは、庄司克宏先生がマリオ・テロ（Mario Telò）先生を紹介して下さったおかげである。帰国後も数々のご配慮を庄司先生からいただいており、感謝の気持ちを伝えたい。

芦書房編集部長の佐藤隆光氏からご快諾を頂戴し、編集者の立場から多くのアドバイスをいただいたおかげで本書は出版される訳だが、私を佐藤氏に結びつけてくれたのは児玉昌己先生である。児玉先生にはブリュッセル、博多、久留米、山口といろんな場所でお世話になりっぱなしであったが、今回もまた児玉先生のご厚意に支えていただいた。

勤務校である山口大学の経済学部からは今回の出版に対する助成の他、着任以来無数の支援を受けている。瀧口治先生と河野眞治先生については特に名前を挙げて感謝の意を示しておきたい。また教育助成室の市川祐子氏は出版助成の手続きを進める上で大いに助けて下さった。

本書の出版は豊美穂、豊邦夫、豊鶴子、松田操の長期間にわたる絶え間のない支えなしにはありえなかった。

2016年3月22日、ベルギーのブリュッセルでテロが行われた。その現場となった地下鉄の駅、マールベークは私が頻繁に乗降をしていた場所である。一切の暴力がなくなることを願って筆をおく。

2016年6月　　　　　　　　　　　　　　　　　筆者

◎略語一覧

AASM	(Associated African States and Madagascar)	アフリカ・マダガスカル連合諸国
ACP	(African, Caribbean and Pacific countries)	アフリカ・カリブ海・太平洋諸国
ASEAN	(Association of South East Asian Nations)	東南アジア諸国連合
AUA	(Agricultural Unit of Account)	農業計算単位
AWU	(Annual Work Unit)	年間労働単位
CAP	(Common Agricultural Policy)	共通農業政策
CARIFORUM	(Caribbean Forum)	カリブ海フォーラム
CEC	(Commission of the European Communities)	欧州委員会
CEEC	(Central and Eastern European Countries)	中東欧諸国
CIF	(Cost, Insurance and Freight)	運賃保険料込み条件
CLLD	(Community-Led Local Development)	共同体主導型地域開発
CTE	(Contrat Territorial d'Exploitation)	地方経営契約
DEFRA	(Department for Environment, Food and Rural Affairs)	英国環境食料農村地域省
EAC	(Eastern African Community)	東アフリカ共同体
EAFRD	(European Agricultural Fund for Rural Development)	農村開発のための欧州農業基金
EAGF	(European Agricultural Guarantee Fund)	欧州農業保証基金
EAGGF	(European Agricultural Guidance and Guarantee Fund)	欧州農業指導保証基金

EBA	(Everything But Arms)	武器以外すべて
ECs	(European Communities)	欧州諸共同体
ECA	(European Court of Auditors)	欧州会計検査院
ECOWAS	(Economic Community of West African States)	西アフリカ経済共同体
EDF	(European Development Fund)	欧州開発基金
EEA	(European Economic Area)	欧州経済領域
EEC	(European Economic Community)	欧州経済共同体
EMFF	(European Maritime and Fisheries Fund)	欧州海洋漁業基金
EMS	(European Monetary System)	欧州通貨制度
ENRD	(European Network for Rural Development)	農村開発のための欧州ネットワーク
EPA	(Economic Partnership Agreement)	経済連携協定
ERDF	(European Regional Development Fund)	欧州地域開発基金
ESF	(European Social Fund)	欧州社会基金
ESIF	(European Structural and Investment Funds)	欧州構造投資基金
ESU	(European Size Unit)	欧州生産規模単位
EVI	(Economic Vulnerability Index)	経済面での脆弱性指数
FADN	(Farm Accountancy Data Network)	農場会計データネットワーク
FAO	(Food and Agriculture Organisation of the United Nations)	国連食糧農業機関
FEAD	(Fund for European Aid to the Most Deprived)	困窮者向け欧州援助基金
FTA	(Free Trade Agreement)	自由貿易協定

GAEC	（Good Agricultural and Environmental Conditions）	良好な農業・環境条件
GATT	（General Agreement on Tariffs and Trade）	関税および貿易に関する一般協定
GSP	（Generalized System of Preferences）	一般特恵関税制度
HAI	（Human Assets Index）	人的資産指数
HS	（Harmonized Commodity Description Coding System）	商品の名称及び分類についての統一システム
IACS	（Integrated Administration and Control System）	統合された行政・統制制度
IMF	（International Monetary Fund）	国際通貨基金
ISPA	（Instrument for Structural Policy for Pre-Accession）	構造政策の加盟準備措置
LAG	（Local Action Group）	地域活動団体
LDC	（Least Developed Countries）	後発開発途上国
LEADER	（Liaison entre Actions de Développement de l'Economie Rurale）	農村経済開発の活動の結合
MCA	（Monetary Compensatory Amounts）	通貨変動調整金
MDP	（Food Distribution Programme for the Most Deprived Persons）	困窮者向け食料支援プログラム（PEAD）
MERCOSUR	（Mercado Común del Sur）	南米南部共同市場
MFF	（Multiannual Financial Framework）	多年度財政枠組み
MTR	（Mid-Term Review）	中間見直し
NIEO	（New International Economic Order）	新国際経済秩序
NUTS	（Nomenclature of Territorial Units for Statistics）	統計用単位領域の分類（地域統計分類単位）
OCT	（Overseas Countries and Territories）	EU加盟国と特別な関係を持つ国および地域

OECD	(Organisation for Economic Co-operation and Development)	経済協力開発機構
OHRLLS	(Office of the High Representative for the Least Developed Countries, Landlocked Developing Countries and Small Island Developing States)	国連後発開発途上国・内陸開発途上国・小島嶼開発途上国担当上級代表事務所
PDO	(Protected Designation of Origin)	保護された原産地呼称
PEAD	(Programme Européen de Distribution de Denrées Alimentaires aux Plus Démunis)	困窮者向け食料支援プログラム (MDP)
PGI	(Protected Geographical Indication)	保護された地理的表示
PHARE	(Poland and Hungary Assistance for Restructuring of the Economy)	ポーランド・ハンガリー経済復興援助
POSEI	(Programme d'Options Spécifiques à l'Éloignement et l'Insularité)	遠隔地域及び島嶼地域向け選択プログラム
PSE	(Producer Support Estimate)	生産者支持推定量
SADC	(Southern African Development Community)	南部アフリカ開発共同体
SAPARD	(Special Accession Programme for Agriculture and Rural Development)	農業と農村開発のための特別加盟プログラム
SCARLED	(Structural Change in Agriculture and Rural Livelihoods)	農業と農村の生活における構造変化
SGM	(Standard Gross Margin)	標準粗利益
SMIC	(Salaire Minimum Interprofessionnel de Croissance)	全産業一律スライド制最低賃金
SMR	(Statutory Management Requirements)	法定管理要件
SO	(Standard Output)	標準生産高
SPS	(Sanitary and Phytosanitary)	衛生植物検疫
SSF	(Semi-Subsistence Farm)	半自給自足農家

STABEX	(System of Stabilization of Export Earnings)	輸出所得安定化制度
SYSMIN	(System for Mineral Products)	鉱産物制度
TDCA	(South Africa Trade and Development Cooperation Agreement)	南アフリカ貿易開発協力協定
TSG	(Traditional Speciality Guaranteed)	保証された伝統的特産品
UAA	(Utilised Agricultural Area)	利用農地面積
UNCTAD	(United Nations Conference on Trade and Development)	国際貿易開発会議
WAEMU	(West African Economic and Monetary Union)	西アフリカ経済通貨同盟
WTO	(World Trade Organisation)	世界貿易機関

●著者紹介

豊　嘉哲（ゆたか・よしあき）

山口大学経済学部教授
京都大学大学院経済学研究科博士課程修了、経済学博士。
ブリュッセル自由大学欧州研究所（Institut d' Etudes Européennes）客員研究員など歴任。
専攻　欧州経済、EU共通農業政策研究。
主著　『EU共通農業政策と結束』山口大学経済学会、『EU経済』（共著）ミネルヴァ書房、
　　　「EU財政と共通農業政策（CAP）改革」『世界経済評論』第46巻、第10号など。

欧州統合と共通農業政策

■発　行――2016年8月15日　初版第1刷
■著　者――豊　嘉哲
■発行者――中山元春
■発行所――株式会社 芦書房　〒101-0048 東京都千代田区神田司町2-5
　　　　　　　　　　　　　　TEL 03-3293-0556／FAX 03-3293-0557
　　　　　　　　　　　　　　http://www.ashi.co.jp
■印　刷――新日本印刷
■製　本――新日本印刷

©2016 Yoshiaki Yutaka

本書の一部あるいは全部の無断複写、複製
（コピー）は法律で認められた場合をのぞき、
著作者・出版社の権利の侵害になります。

ISBN978-4-7556-1283-1　C0033